어썸 스피드 1753 모의고사 – 수학 1회 문제지

수학 영역

성명 　　　　　　　　수험번호 　　　　 － 　　　

○ 문제지의 해당란에 성명과 수험번호를 정확히 쓰시오.

○ 답안지의 필적 확인란에 다음의 문구를 정자로 기재하시오.

17문제 53점 먼저 정복

○ 답안지의 해당란에 성명과 수험 번호를 쓰고, 또 수험 번호,
  문형 (홀수/짝수), 답을 정확히 표시하시오.

○ 단답형 답의 숫자에 '0'이 포함되면 그 '0'도 답란에 반드시 표시하시오.

○ 문항에 따라 배점이 다르니, 각 물음의 끝에 표시된 배점을 참고하시오.
  배점은 2점, 3점 또는 4점입니다.

○ 계산은 문제지의 여백을 활용하시오.

※ 공통 과목 및 자신이 선택한 과목의 문제지를 확인하고, 답을 정확히 표시하시오.
  ○ 공통과목 ……………………………………………………………… 1~6 쪽

※ 시험이 시작되기 전까지 표지를 넘기지 마시오.

제2교시

수학 영역

5지선다형

1. $(-\sqrt{3})^4 \times 27^{-\frac{2}{3}}$ 의 값은? [2점]

① 1　　② 2　　③ 3　　④ 4　　⑤ 5

2. 함수 $f(x)=x^3-2x+9$에 대하여 $f'(1)$의 값은? [3점]

① 1　　② 2　　③ 3　　④ 4　　⑤ 5

3. $\sin^2\theta = \dfrac{9}{25}$ 일 때, $\cos\theta + \sin\theta$의 값은? $\left(\text{단, } \dfrac{3}{2}\pi < x < 2\pi\right)$ [3점]

① $-\dfrac{3}{5}$　　② $-\dfrac{1}{5}$　　③ 0　　④ $\dfrac{1}{5}$　　⑤ $\dfrac{3}{5}$

4. 함수 $y=f(x)$의 그래프가 그림과 같다.

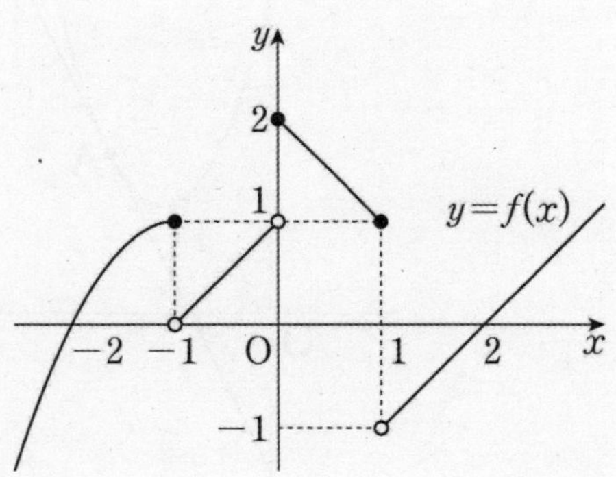

$\displaystyle \lim_{x\to 0+} f(x) + \lim_{x\to 1-} f(x)$의 값은? [3점]

① -3　　② -1　　③ 0　　④ 1　　⑤ 3

5. 등차수열 $\{a_n\}$에 대하여 $a_1 = 2$, $a_2 + a_3 = 7$일 때, $a_4 + a_5$의 값은? [3점]

① 9   ② 10   ③ 11   ④ 12   ⑤ 13

6. 그림과 같이 곡선 $y = x^2 - 4x + 6$ 위의 점 $A(4, 6)$에서의 접선을 l이라 할 때, 곡선 $y = x^2 - 4x + 6$과 직선 l 및 y축으로 둘러싸인 부분의 넓이는? [3점]

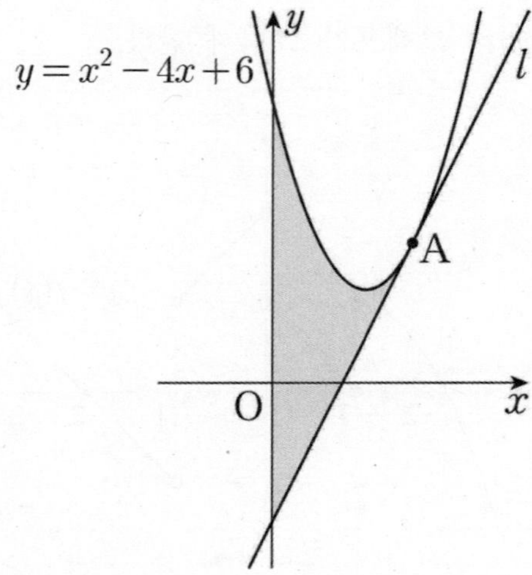

① $\dfrac{61}{3}$ ② $\dfrac{64}{3}$ ③ $\dfrac{67}{3}$ ④ $\dfrac{70}{3}$ ⑤ $\dfrac{73}{3}$

7. 닫힌구간 $\left[\dfrac{\pi}{6}, \pi\right]$에서 정의된 함수 $f(x) = \sin 2x$가 다음을 만족시킨다.

> (가) 함수 $f(x)$는 $x = a$에서 최댓값 b를 갖는다.
> (나) 방정식 $f(x) = k$가 서로 다른 두 실근을 갖도록 하는 양수 k의 최솟값은 c이다.

이때, abc의 값은? [3점]

① $\dfrac{1}{16}\pi$ ② $\dfrac{\sqrt{3}}{16}\pi$ ③ $\dfrac{1}{8}\pi$

④ $\dfrac{\sqrt{3}}{8}\pi$ ⑤ $\dfrac{\sqrt{3}}{4}\pi$

8. 실수 전체의 집합에서 미분가능하고 다음 조건을 만족시키는 모든 함수 $f(x)$에 대하여 $f(1)$의 최댓값과 최솟값의 합은? [3점]

> (가) $f(0)=2$
> (나) 모든 실수 x에 대하여 $|f'(x)|\leq 3$이다.

① -2 　② 0 　③ 2 　④ 4 　⑤ 6

9. 두 함수

$$f(x)=x^3-9x+a,\ g(x)=3x^2+1$$

가 있다. $f(x)=g(x)$인 서로 다른 실근의 개수가 2개일 때, 모든 실수 a의 값들의 합은? [3점]

① 24 　② 26 　③ 28 　④ 30 　⑤ 32

10. 시각 $t=0$일 때 원점을 출발하여 수직선 위를 움직이는 점 P의 시각 $t\ (t\geq 0)$에서의 속도 $v(t)$가

$$v(t)=3t^2+2t+a$$

이다. 시각 $t=2$에서의 점 P의 위치가 14일 때, 상수 a의 값은? [3점]

① 1 　② 2 　③ 3 　④ 4 　⑤ 5

11. 일차함수 $f(x)$와 함수 $g(x)=(x^2+1)f(x)$가 다음 조건을 만족시킨다.

> (가) 모든 실수 x에 대하여 $g(-x)=-g(x)$이다.
>
> (나) $\displaystyle\lim_{x\to 1}\frac{f(x)g(x)+f(-x)g(-x)-36}{x-1}=28$

$f'(1)>0$일 때, $\displaystyle\sum_{n=1}^{5}\{f(n)+g'(n)\}$의 값은? [4점]

① 535　　② 540　　③ 545　　④ 550　　⑤ 555

12. 공차가 2인 등차수열 $\{a_n\}$이 다음 조건을 만족시킬 때, a_5의 값의 합은? [4점]

> (가) $a_{21}>0$
>
> (나) $\left|\displaystyle\sum_{k=1}^{6}(a_{k+6})\right|=60+\displaystyle\sum_{k=1}^{5}a_{2k}$

① $\dfrac{50}{11}$　　② $\dfrac{51}{11}$　　③ $\dfrac{52}{11}$　　④ $\dfrac{53}{11}$　　⑤ $\dfrac{54}{11}$

13. 방정식 $\log_3(x+3)+\log_3(x-3)=3$를 만족시키는 실수 x의 값을 구하시오. [3점]

14. 함수 $f(x)=x^4+ax^2+b$는 $x=2$에서 극소이다. 함수 $f(x)$의 극댓값이 9일 때, $a+b$의 값을 구하시오.
(단, a와 b는 상수이다.) [3점]

15. $\displaystyle\sum_{k=1}^{10}(2k+a)=130$ 일 때, 상수 a의 값을 구하시오. [3점]

16. 곡선 $y=\sin\dfrac{\pi}{2}x$ $(0\le x\le 5)$가 직선 $y=k$ $(0<k<1)$와 만나는 서로 다른 세 점을 y축에서 가까운 순서대로 A, B, C라 하자. 세 점 A, B, C의 x좌표의 합이 $\dfrac{13}{2}$일 때, 선분 AB의 길이를 구하시오 [4점]

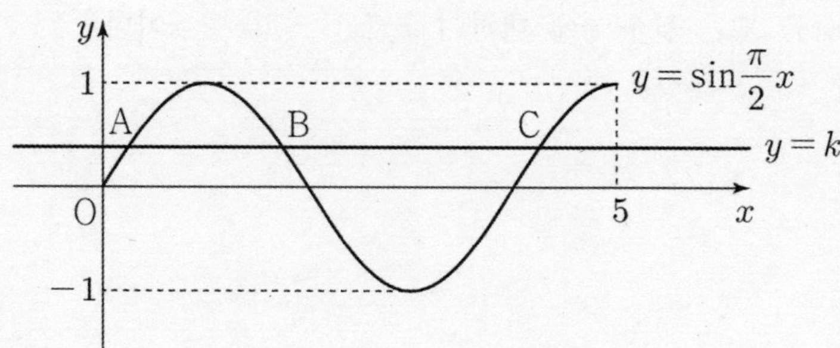

17. 최고차항의 계수가 1이고 다음 조건을 만족시키는 모든 삼차함수 $f(x)$에 대하여 $f(4)$의 최댓값이 $p\sqrt{3}+q$일 때, $p+q$의 값을 구하시오. (단, p와 q는 자연수이다.) [4점]

> (가) $\displaystyle\lim_{x\to 0}\frac{|f(x)-1|}{x}$의 값이 존재한다.
>
> (나) 모든 실수 x에 대하여 $xf(x)\geq -3x^2+x$이다.

어썸 스피드 1753 모의고사 – 수학 2회 문제지

수학 영역

| 성명 | | 수험번호 | | | — | | |

○ 문제지의 해당란에 성명과 수험번호를 정확히 쓰시오.

○ 답안지의 필적 확인란에 다음의 문구를 정자로 기재하시오.

> **책은 얼어붙은 바다를 깨는 도끼다**

○ 답안지의 해당란에 성명과 수험 번호를 쓰고, 또 수험 번호,
문형 (홀수/짝수), 답을 정확히 표시하시오.

○ 단답형 답의 숫자에 '0'이 포함되면 그 '0'도 답란에 반드시 표시하시오.

○ 문항에 따라 배점이 다르니, 각 물음의 끝에 표시된 배점을 참고하시오.
배점은 2점, 3점 또는 4점입니다.

○ 계산은 문제지의 여백을 활용하시오.

※ 공통 과목 및 자신이 선택한 과목의 문제지를 확인하고, 답을 정확히 표시하시오.
   ○ 공통과목 ··· 1~6쪽

※ 시험이 시작되기 전까지 표지를 넘기지 마시오.

수학 영역

5지선다형

1. $\left(\dfrac{2}{2^{\sqrt{2}}}\right)^{1+\sqrt{2}}$ 의 값은? [2점]

① $\dfrac{1}{4}$　　② $\dfrac{1}{2}$　　③ 1　　④ 2　　⑤ 4

2. 등비수열 $\{a_n\}$에 대하여 $a_2=\dfrac{1}{3}$, $a_3=1$일 때 a_5의 값은? [2점]

① 1　　② 3　　③ 5　　④ 7　　⑤ 9

3. $f(x)=2x^3-3x^2+2$에 대하여 $\displaystyle\lim_{h\to 0}\dfrac{f(3+h)-f(3)}{h}$ 의 값은? [2점]

① 26　　② 30　　③ 34　　④ 36　　⑤ 38

4. 함수 $y=f(x)$의 그래프가 그림과 같다.

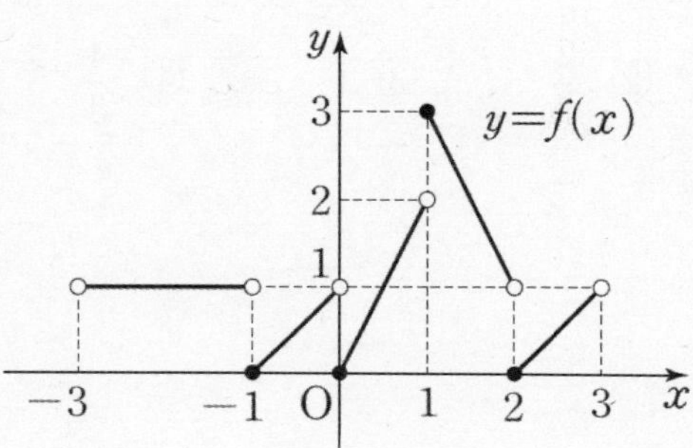

$\displaystyle\lim_{x\to -1-}f(x)+\lim_{x\to 0+}f(x)+f(1)+\lim_{x\to 3-}f(x)$ 의 값은? [3점]

① 4　　② 5　　③ 6　　④ 7　　⑤ 8

5. 부등식 $\log_3(x^2+4x-5)<3$를 만족시키는 모든 자연수 x의 값의 합은? [3점]

① 5　　　② 6　　　③ 7　　　④ 8　　　⑤ 9

6. $0<\theta<\dfrac{\pi}{2}$인 θ에 대하여 $\cos\theta=\dfrac{2\sqrt{2}}{3}$일 때, $\sin(\pi-\theta)-\cos\left(\dfrac{\pi}{2}+\theta\right)$의 값은? [3점]

① $\dfrac{1}{3}$　　② $\dfrac{2}{3}$　　③ 1　　④ $\dfrac{4}{3}$　　⑤ $\dfrac{5}{3}$

7. 상수 a, b에 대하여 함수 $f(x)$가

$$f(x)=\begin{cases} x+a & (x<-2) \\ -2x+1 & (-2\leq x<1) \\ bx-2 & (x\geq 1) \end{cases}$$

이다. 함수 $f(x)$가 실수 전체의 집합에서 연속일 때, $a+b$의 값은? [3점]

① 8　　　② 9　　　③ 10　　　④ 11　　　⑤ 12

8. 다항함수 $f(x)$가

$$\lim_{x \to \infty} \frac{f(x)}{x^2} = 2, \quad \lim_{x \to 2} \frac{f(x)}{x-2} = 3$$

을 만족시킬 때, $f(3)$의 값은? [3점]

① 3　　　② 4　　　③ 5　　　④ 6　　　⑤ 7

9. 수열 $\{a_n\}$이 모든 자연수 n에 대하여

$$a_{n+1} = \begin{cases} \dfrac{a_n}{2} & (a_n \geq 2) \\ 2a_n - 1 & (a_n < 2) \end{cases}$$

을 만족시킨다. $a_3 = 2$일 때, $\displaystyle\sum_{k=1}^{20} a_k$의 최댓값을 M, 최솟값을 m이라 하자. $M+m$의 값은? [3점]

① $\dfrac{211}{4}$　　② $\dfrac{213}{4}$　　③ $\dfrac{215}{4}$　　④ $\dfrac{217}{4}$　　⑤ $\dfrac{219}{4}$

10. 두 상수 a, b에 대하여 함수 $f(x) = 4\cos\dfrac{\pi}{2a}x + b$의 주기가 4이고 최솟값이 -1일 때, $a+b$의 값은? (단, $a > 0$) [3점]

① 5　　　② 4　　　③ 3　　　④ 2　　　⑤ 1

11. $n \geq 2$인 자연수 n에 대하여 $n^2 - 5n$의 n제곱근 중에서 실수인 것의 개수를 $f(n)$이라 할 때, $\sum\limits_{n=2}^{7} f(n)$의 값은? [4점]

① 1   ② 2   ③ 3   ④ 4   ⑤ 5

12. 첫째항이 $\dfrac{1}{2}$인 수열 $\{a_n\}$이 모든 자연수 n에 대하여

$$a_{n+1} = \begin{cases} a_n + 1 & (a_n < 0) \\ -2a_n + 1 & (a_n \geq 0) \end{cases}$$

일 때, $a_{20} + a_{31}$의 값은? [4점]

① -2 ② -1 ③ 0   ④ 1   ⑤ 2

13. $\log_2 48 + \log_{\frac{1}{8}} 27$의 값을 구하시오. [3점]

14. 함수 $f(x)$에 대하여 $f'(x) = 4x^3 - 3x^2$이고 $f(0) = 2$일 때, $f(2)$의 값을 구하시오. [3점]

15. 함수 $f(x)$에 대하여 $f'(x)=4x^3-3x^2+1$이고 $f(0)=3$일 때, $f(2)$의 값을 구하시오. [3점]

16. $0 \le x < 2\pi$에서 x에 대한 부등식

$$(2a+5)\sin x - a\cos^2 x + a + 10 < 0$$

의 해가 존재하도록 하는 자연수 a의 최솟값을 구하시오. [4점]

17. 최고차항의 계수가 1인 삼차함수 $f(x)$가

$$\int_0^2 f'(x)dx = \int_0^3 f'(x)dx = 0$$

을 만족시킬 때, $f'(3)$의 값을 구하시오. [4점]

어썸 스피드 1753 모의고사 – 수학 3회 문제지

수학 영역

| 성명 | | 수험번호 | | | | — | | | |

○ 문제지의 해당란에 성명과 수험번호를 정확히 쓰시오.

○ 답안지의 필적 확인란에 다음의 문구를 정자로 기재하시오.

멘탈이 강한자는 지금의 시간에 집중한다

○ 답안지의 해당란에 성명과 수험 번호를 쓰고, 또 수험 번호,
문형 (홀수/짝수), 답을 정확히 표시하시오.

○ 단답형 답의 숫자에 '0'이 포함되면 그 '0'도 답란에 반드시 표시하시오.

○ 문항에 따라 배점이 다르니, 각 물음의 끝에 표시된 배점을 참고하시오.
배점은 2점, 3점 또는 4점입니다.

○ 계산은 문제지의 여백을 활용하시오.

※ 공통 과목 및 자신이 선택한 과목의 문제지를 확인하고, 답을 정확히 표시하시오.
○ 공통과목 ·· 1~6 쪽

※ 시험이 시작되기 전까지 표지를 넘기지 마시오.

제 2 교시

수학 영역

5지선다형

1. $\sqrt{32}\times 4^{\frac{1}{4}}$의 값은? [2점]

① 2　　② $2\sqrt{2}$　　③ 4　　④ $4\sqrt{2}$　　⑤ 8

2. 함수 $f(x)=x^3+3x+2$에 대하여 $\displaystyle\lim_{h\to 0}\frac{f(2+h)-f(2)}{h}$의 값은?

[2점]

① 11　　② 12　　③ 13　　④ 14　　⑤ 15

3. 공비가 양수인 등비수열 $\{a_n\}$이

$$a_2+a_3=30,\quad a_3+a_4=\frac{15}{2}$$

를 만족시킬 때, a_1의 값은? [3점]

① 96　　② 80　　③ 72　　④ 64　　⑤ 56

4. 함수 $y=f(x)$의 그래프가 그림과 같다.

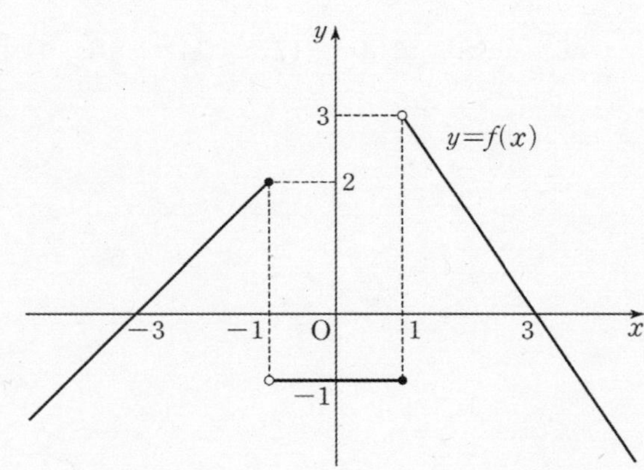

$\displaystyle\lim_{x\to -1+}f(x)+\lim_{x\to 1+}f(x)$의 값은? [3점]

① 2　　② 3　　③ 4　　④ 5　　⑤ 6

5. $0<\theta<\dfrac{1}{2}\pi$인 θ에 대하여 $\sin\theta\tan\theta=\dfrac{3}{2}$일 때, $\sin\theta+\tan\theta$의 값은? [3점]

① $\dfrac{5\sqrt{3}}{6}$ ② $\dfrac{3\sqrt{3}}{2}$ ③ $\dfrac{\sqrt{3}}{2}$ ④ $\dfrac{\sqrt{3}}{3}$ ⑤ $\dfrac{\sqrt{3}}{6}$

6. 함수 $f(x)=x^3+ax^2+bx+c$가 $x=-2$에서 극댓값 10을 갖고 $x=2$에서 극솟값을 가질 때, $f(1)$의 값은?
(단, a, b, c는 상수이다.) [3점]

① -19 ② -18 ③ -17 ④ -16 ⑤ -15

7. 이차함수 $f(x)$가

$$\lim_{x\to 3}\frac{f(x)}{x^2-9}=4,\quad \lim_{x\to 1+}\frac{|x-1|}{f(x)}=-\frac{1}{12}$$

을 만족시킬 때, $f(2)$의 값은? [3점]

① -12 ② 12 ③ -24 ④ 24 ⑤ -36

8. 닫힌구간 $[0, \pi]$에서 정의된 함수 $f(x)=\sin 2x$가 $x=a$에서 최댓값을 갖고 $x=b$에서 최솟값을 갖는다. 곡선 $y=f(x)$ 위의 두 점 $(a, f(a))$, $(b, f(b))$를 지나는 직선의 기울기는? [3점]

① $-\dfrac{1}{\pi}$　② $\dfrac{\pi}{2}$　③ $-\dfrac{3}{\pi}$　④ $-\dfrac{4}{\pi}$　⑤ $-\dfrac{5}{\pi}$

9. 함수 $f(x)=-2x^3+6x^2$의 그래프와 직선 $y=a\ (a>0)$가 서로 다른 두 점에서 만날 때, 곡선 $y=f(x)$와 x축으로 둘러싸인 부분의 넓이와 a의 합은? [3점]

① $\dfrac{37}{2}$　② $\dfrac{39}{2}$　③ $\dfrac{41}{2}$　④ $\dfrac{43}{2}$　⑤ $\dfrac{45}{2}$

10. $a>\dfrac{1}{2}$인 실수 a에 대하여 두 곡선

$$y=-\log_3(-x), \quad y=\log_3(x+4a)$$

가 만나는 두 점을 A, B라 하자. 선분 AB의 중점이 직선 $24x+3y+40=0$ 위에 있을 때 선분 AB의 길이는? [3점]

① 2　② $\dfrac{7}{3}$　③ $\dfrac{8}{3}$　④ 3　⑤ $\dfrac{10}{3}$

11. 두 정수 a, b에 대하여 실수 전체의 집합에서 연속인 함수 $f(x)$가 다음 조건을 만족시킨다.

> (가) $0 \le x < 3$에서 $f(x) = ax^2 + bx - 24$이다.
> (나) 모든 실수 x에 대하여 $f(x+3) = f(x)$이다.

$1 < x < 6$일 때, 방정식 $f(x) = 0$의 서로 다른 실근의 개수가 4이다. $a+b$의 값은? [4점]

① 14　　② 16　　③ 18　　④ 20　　⑤ 22

12. 수열 $\{a_n\}$이 다음 조건을 만족시킨다.

> (가) $1 \le n \le 3$인 모든 자연수 n에 대하여 $a_n + a_{n+3} = 15$이다.
> (나) $n \ge 5$인 모든 자연수 n에 대하여 $a_{n+1} - a_n = n$이다.

$\sum_{n=1}^{4} a_n = 6$일 때, a_5의 값은? [4점]

① 11　　② 13　　③ 15　　④ 17　　⑤ 19

단답형

13. $\displaystyle\lim_{x \to \infty} \frac{6x^2+1}{3x^2+7x}$의 값을 구하시오. [3점]

14. $\displaystyle\sum_{k=1}^{4}(k+1)^3 - \sum_{k=1}^{3}(k-1)^3$의 값을 구하시오. [3점]

15. 모든 실수 x에 대하여 부등식

$$x^4 + \frac{4}{3}x^3 - 2x^2 - 4x + a \ge 0$$

이 항상 성립하도록 하는 정수 a의 최솟값을 구하시오. [3점]

16. 모든 항이 0이 아닌 정수이고 공차가 2보다 큰 등차수열 $\{a_n\}$이 다음 조건을 만족시킨다.

> (가) $|a_4| = |a_5| + 2$
>
> (나) $\displaystyle\sum_{k=1}^{5} a_k = -200$

$a_5 + a_6$의 값을 구하시오. [4점]

17. 최고차항의 계수가 양수인 다항함수 $f(x)$가 모든 실수 x에 대하여

$$\frac{2}{3}x^2 f(x) = \int_1^x tf(t)\,dt - \int_x^{-1} tf(t)\,dt$$

를 만족시킨다. $\int_{-1}^1 xf(x)\,dx = 1$일 때, $f(4)$의 값을 구하시오. [4점]

어썸 스피드 1753 모의고사 – 수학 4회 문제지

수학 영역

성명		수험번호		—	

○ 문제지의 해당란에 성명과 수험번호를 정확히 쓰시오.

○ 답안지의 필적 확인란에 다음의 문구를 정자로 기재하시오.

깊게 파려면 넓게 파라

○ 답안지의 해당란에 성명과 수험 번호를 쓰고, 또 수험 번호,
   문형 (홀수/짝수), 답을 정확히 표시하시오.

○ 단답형 답의 숫자에 '0'이 포함되면 그 '0'도 답란에 반드시 표시하시오.

○ 문항에 따라 배점이 다르니, 각 물음의 끝에 표시된 배점을 참고하시오.
   배점은 2점, 3점 또는 4점입니다.

○ 계산은 문제지의 여백을 활용하시오.

※ 공통 과목 및 자신이 선택한 과목의 문제지를 확인하고, 답을 정확히 표시하시오.

○ 공통과목 ·· 1~6 쪽

※ 시험이 시작되기 전까지 표지를 넘기지 마시오.

제 2 교시

수학 영역

5지선다형

1. $\sqrt{16} \times 2^{-\frac{5}{2}}$ 의 값은? [2점]

① $\dfrac{1}{4}$　　② $\dfrac{\sqrt{2}}{2}$　　③ 1　　④ $\sqrt{2}$　　⑤ 4

2. 함수 $f(x)=x^3+4x^2+2x-4$ 에 대하여 $f'(1)$의 값은? [2점]

① 9　　② 10　　③ 11　　④ 12　　⑤ 13

3. 함수 $y=f(x)$의 그래프가 다음과 같다.

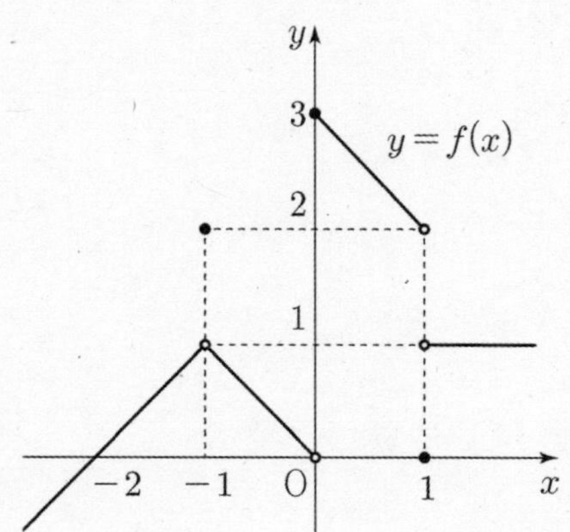

$\displaystyle\lim_{x\to 0}f(x)+\lim_{x\to 1+}f(x)$의 값은? [3점]

① 1　　② 2　　③ 3　　④ 4　　⑤ 5

4. 다항함수 $f(x)$에 대하여 함수 $g(x)$를

$$g(x)=(x-1)^2 f(x)$$

라 하자. $f(2)=1$, $f'(2)=3$일 때, $g'(2)$의 값은? [3점]

① 3　　② 4　　③ 5　　④ 6　　⑤ 7

5. 함수 $y=2^x$의 그래프를 x축의 방향으로 2만큼, y축의 방향으로 -1만큼 평행이동한 후, y축에 대하여 대칭이동한 함수의 그래프가 두 점 $(a,\ 1)$, $(1,\ b)$를 지난다. $b-a$의 값은? (단, $a,\ b$는 상수이다.) [3점]

① $\dfrac{13}{8}$　　② $\dfrac{14}{8}$　　③ $\dfrac{15}{8}$　　④ 2　　⑤ $\dfrac{17}{8}$

6. 0이 아닌 모든 실수 x에 대하여 함수 $f(x)$가

$$\frac{1}{2}x^2+3x < f(x) < x^2+3x$$

를 만족시킬 때, $\displaystyle\lim_{x\to 0}\frac{xf(x)+5x}{2f(x)-x}$의 값은? [3점]

① 1　　② 2　　③ 3　　④ 4　　⑤ 5

7. 좌표평면 위의 점 $P(2,\ -1)$에 대하여 동경 OP가 나타내는 각의 크기를 θ라 할 때, $\sin\left(\dfrac{3\pi}{2}+\theta\right)-\sin\theta$의 값은? (단, O는 원점이고, x축의 양의 방향을 시초선으로 한다.) [3점]

① -1　　② $-\dfrac{\sqrt{5}}{5}$　　③ $\dfrac{1}{5}$　　④ $\dfrac{\sqrt{5}}{5}$　　⑤ 1

8. 최고차항의 계수가 1인 삼차함수 $f(x)$가

$$\int_0^1 f'(x)\,dx = \int_0^3 f'(x)\,dx = 0$$

을 만족시킬 때, $f'(1)$의 값은? [3점]

① -4 ② -3 ③ -2 ④ -1 ⑤ 0

9. 모든 항이 양수이고 첫째항과 공차가 같은 등차수열 $\{a_n\}$이

$$\sum_{k=1}^{15} \frac{a_{k+1}-a_k}{a_k a_{k+1}} = 2$$

를 만족시킬 때, a_{32}의 값은? [3점]

① 15 ② 16 ③ 17 ④ 18 ⑤ 19

10. 곡선 $y=\sin\dfrac{\pi}{2}x \ (0 \le x \le 5)$가 직선 $y=k \ (0<k<1)$과 만나는 서로 다른 세 점을 y축에서 가까운 순서대로 A, B, C라 하자. 세 점 A, B, C의 x좌표의 합이 $\dfrac{25}{4}$일 때, 선분 BC의 길이는? [3점]

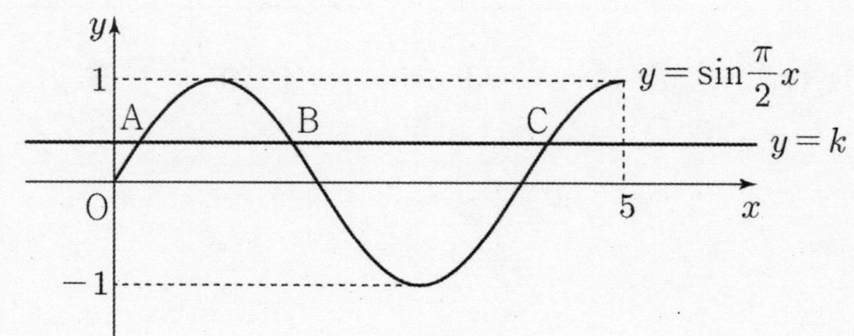

① 2 ② $\dfrac{5}{2}$ ③ 3 ④ $\dfrac{7}{2}$ ⑤ 4

11. 실수 전체의 집합에서 미분가능하고 다음 조건을 만족시키는 모든 함수 $f(x)$에 대하여 $f(5)$의 최댓값은? [4점]

> (가) $f(1)=3$
> (나) $1<x<5$인 모든 실수 x에 대하여 $f'(x)\le 4$이다.

① 17　　② 18　　③ 19　　④ 20　　⑤ 21

12. 자연수 $m(m\ge 2)$에 대하여 m^8의 n제곱근 중에서 정수가 존재하도록 하는 2이상의 자연수 n의 개수를 $f(m)$이라 할 때, $\displaystyle\sum_{m=2}^{9}f(m)$의 값은? [4점]

① 27　　② 30　　③ 33　　④ 36　　⑤ 39

단답형

13. 방정식

$$\log_2(2x+2)=2+\log_2(x-2)$$

를 만족시키는 실수 x의 값을 구하시오. [3점]

14. 함수 $f(x)$에 대하여 $f'(x)=4x^3+6x^2$이고 $f(0)=-1$일 때, $f(1)$의 값을 구하시오. [3점]

15. 시각 $t=0$일 때 원점을 출발하여 수직선 위를 움직이는 점 P의 시각 $t(t \geq 0)$에서의 가속도 $r(t)$가

$$r(t) = 2t + a$$

이다. 시각 $t=3$에서의 점 P의 속도가 6일 때, $t=2$에서의 속도의 값을 구하시오. (단, 점 P는 $t=0$일 때 정지해 있었다.) [3점]

16. 두 곡선 $y = x^3 + x^2$, $y = -x^2 + 4k$와 y축으로 둘러싸인 부분의 넓이를 A, 두 곡선 $y = x^3 + x^2$, $y = -x^2 + 4k$와 직선 $x=2$로 둘러싸인 부분의 넓이를 B라 하자. $A=B$일 때, $6k$의 값을 구하시오. (단, $1 < k < 2$) [4점]

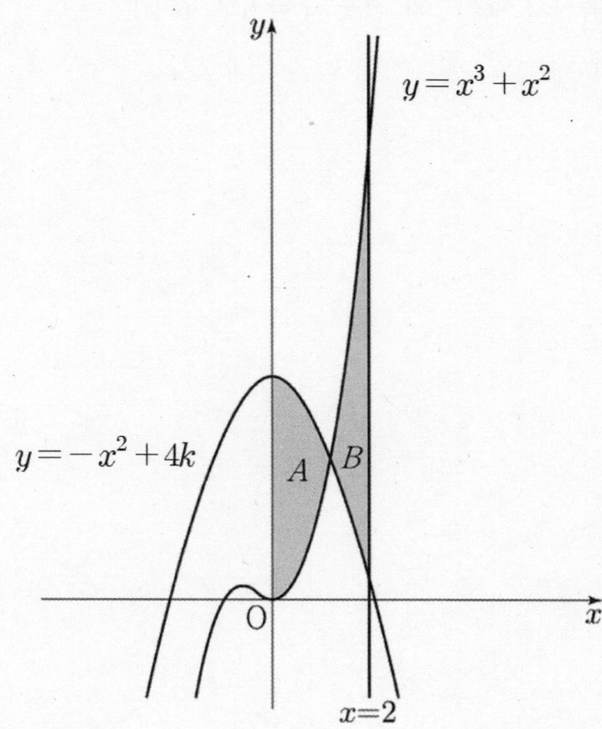

17. 공차가 2인 등차수열 $\{a_n\}$과 자연수 m이

$$\sum_{k=1}^{m} a_{k+2} = 240, \quad \sum_{k=1}^{m} (a_k + m) = 300$$

을 만족시킬 때, a_m의 값을 구하시오. [4점]

* 확인 사항

○ 답안지의 해당란에 필요한 내용을 정확히 기입(표기)했는지 확인
　하시오.

어썸 스피드 1753 모의고사 – 수학 5회 문제지

수학 영역

<table>
<tr><td>성명</td><td></td><td>수험번호</td><td>　│　│　│　─　│　│　│　</td></tr>
</table>

○ 문제지의 해당란에 성명과 수험번호를 정확히 쓰시오.

○ 답안지의 필적 확인란에 다음의 문구를 정자로 기재하시오.

> **한꺼번에 두 켤레의 신발을 신을 수는 없다**

○ 답안지의 해당란에 성명과 수험 번호를 쓰고, 또 수험 번호,
문형 (홀수/짝수), 답을 정확히 표시하시오.

○ 단답형 답의 숫자에 '0'이 포함되면 그 '0'도 답란에 반드시 표시하시오.

○ 문항에 따라 배점이 다르니, 각 물음의 끝에 표시된 배점을 참고하시오.
배점은 2점, 3점 또는 4점입니다.

○ 계산은 문제지의 여백을 활용하시오.

※ 공통 과목 및 자신이 선택한 과목의 문제지를 확인하고, 답을 정확히 표시하시오.
　○ 공통과목 ……………………………………………………………… 1~6 쪽

※ 시험이 시작되기 전까지 표지를 넘기지 마시오.

제 2 교시

수학 영역

5지선다형

1. $2^{1+2\sqrt{3}} \times 4^{1-\sqrt{3}}$의 값은? [2점]

① 1　　　② 2　　　③ 4　　　④ 8　　　⑤ 16

2. 함수 $f(x)=x^3+3x^2-5x-1$에 대하여 $f'(2)$의 값은? [2점]

① 16　　　② 17　　　③ 18　　　④ 19　　　⑤ 20

3. 모든 항이 양수인 등비수열 $\{a_n\}$에 대하여

$$a_2 a_4 = 2, \quad a_4 a_6 = 162$$

일 때, a_7의 값은? [3점]

① 81　　② $81\sqrt{2}$　　③ 243　　④ $243\sqrt{2}$　　⑤ 729

4. $\dfrac{3}{2}\pi < \theta < 2\pi$인 θ에 대하여

$\sin\theta = 4\cos(\pi-\theta)$일 때, $\cos\theta\tan\theta$의 값은? [3점]

① $-\dfrac{4\sqrt{17}}{17}$　　　　② $-\dfrac{\sqrt{17}}{17}$　　　　③ $\dfrac{1}{17}$

④ $\dfrac{\sqrt{17}}{17}$　　　　⑤ $\dfrac{4\sqrt{17}}{17}$

5. 함수

$$f(x)=\begin{cases} x-3 & (x<1) \\ x^2-ax+1 & (x\geq 1) \end{cases}$$

가 실수 전체의 집합에서 연속일 때, 상수 a의 값은? [3점]

① 1　　② 2　　③ 3　　④ 4　　⑤ 5

6. 함수 $f(x)=x^3-9x^2+ax+1$는 $x=2$에서 극대이고, $x=b$에서 극소이다. $a+b$의 값은? (단, a, b는 상수이다.) [3점]

① 22　　② 24　　③ 26　　④ 28　　⑤ 30

7. 그림과 같이 양의 실수 a에 대하여 곡선 $y=2\cos ax\ \left(0\leq x\leq \dfrac{2\pi}{a}\right)$와 직선 $y=\sqrt{2}$가 만나는 두 점을 각각 A, B라 하자. $\overline{AB}=\dfrac{5}{4}$일 때, a의 값은? [3점]

① $\dfrac{4\pi}{5}$　　② $\dfrac{6\pi}{5}$　　③ $\dfrac{8\pi}{5}$　　④ 2π　　⑤ $\dfrac{12\pi}{5}$

8. 최고차항의 계수가 2이고 두 점 A$(2,\ 0)$, B$(k,\ 0)$을 지나는 이차함수 $y=f(x)$의 그래프가 y축과 만나는 점을 C라 하자. 직선 BC와 곡선 $y=f(x)$로 둘러싸인 부분의 넓이가 삼각형 OBC의 넓이와 같을 때, k의 값은? (단, $k>2$이고, O는 원점이다.) [3점]

① 4 ② $\dfrac{9}{2}$ ③ 5 ④ $\dfrac{11}{2}$ ⑤ 6

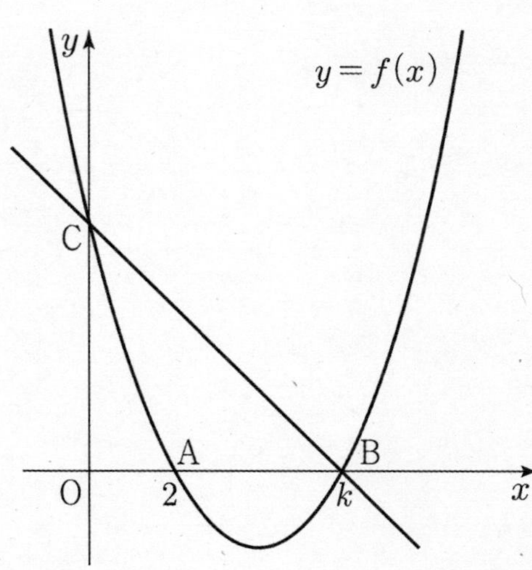

9. 첫째항이 243인 수열 $\{a_n\}$이 모든 자연수 n에 대하여

$$a_{n+1}=\begin{cases}\dfrac{1}{3}a_n & (a_n \geq 3n) \\[2mm] 2a_n & (a_n < 3n)\end{cases}$$

일 때, a_8의 값은? [3점]

① 8 ② 16 ③ 24 ④ 32 ⑤ 40

10. x에 대한 사차방정식

$$3x^4-8x^3-18x^2+a=0$$

이 서로 다른 두 개의 양의 실근과 서로 다른 두 개의 음의 실근을 가질 때, 모든 정수 a의 값의 합은? [3점]

① 10 ② 15 ③ 21 ④ 28 ⑤ 36

11. 시각 $t=0$일 때 동시에 원점을 출발하여 수직선 위를 움직이는 두 점 P, Q의 시각 $t(t \geq 0)$에서의 속도가 각각

$$v_1(t)=3-2t, \quad v_2(t)=2t$$

이다. 출발한 시각부터 점 P가 원점으로 돌아올 때까지 점 Q가 움직인 거리는? [4점]

① 9 ② 10 ③ 11 ④ 12 ⑤ 13

12. 양수 a에 대하여 함수

$$f(x)=\left| 4\sin\left(ax-\frac{\pi}{6}\right)+1 \right| \quad \left(0 \leq x \leq \frac{4\pi}{a}\right)$$

의 그래프가 직선 $y=1$과 만나는 서로 다른 점의 개수는 n이다. 이 n개의 점의 x좌표의 합이 26일 때, $n \times a$의 값은? [4점]

① 5π ② $\dfrac{11\pi}{2}$ ③ 6π ④ $\dfrac{13\pi}{2}$ ⑤ 7π

단답형

13. 다항함수 $f(x)$의 한 부정적분 $F(x)$가 모든 실수 x에 대하여

$$F(x)=(x+3)f(x)-x^3+27x$$

를 만족시킨다. $F(0)=60$일 때, $f(4)$의 값을 구하시오. [3점]

14. $n \geq 2$인 자연수 n에 대하여 $3n^2-10n$의 n제곱근 중에서 실수인 것의 개수를 $f(n)$이라 할 때, $f(2)+f(3)+f(4)+f(5)$의 값을 구하시오. [3점]

15. 다항함수 $f(x)$가

$$\lim_{x \to 3} \frac{1}{x-3} \int_{2}^{x} (x-t) f(t)\, dt = 2$$

을 만족시킬 때, $\displaystyle\int_{2}^{3} (3x+1) f(x)\, dx$의 값을 구하시오. [3점]

16. 자연수 n에 대하여 $2\log_{81}\left(\dfrac{5}{9n+27}\right)$의 값이 정수가 되도록 하는 1000 이하의 모든 n의 값의 합을 구하시오. [4점]

17. 수직선 위를 움직이는 점 P의 시각 $t\,(t \geq 0)$에서의 속도 $v(t)$와 가속도 $a(t)$가 다음 조건을 만족시킨다.

> (가) $0 \leq t \leq 2$일 때, $v(t) = 3t^2 - 6t$이다.
> (나) $t \geq 2$일 때, $a(t) = 6t^2$이다.

시각 $t = 0$에서 $t = 4$까지 점 P가 움직인 거리를 구하시오. [4점]

어썸 스피드 1753 모의고사 – 수학 6회 문제지

수학 영역

| 성명 | | 수험번호 | | — | |

- ○ 문제지의 해당란에 성명과 수험번호를 정확히 쓰시오.

- ○ 답안지의 필적 확인란에 다음의 문구를 정자로 기재하시오.

  적절한 휴식은 효과적인 공부 방법

- ○ 답안지의 해당란에 성명과 수험 번호를 쓰고, 또 수험 번호,
  문형 (홀수/짝수), 답을 정확히 표시하시오.

- ○ 단답형 답의 숫자에 '0'이 포함되면 그 '0'도 답란에 반드시 표시하시오.

- ○ 문항에 따라 배점이 다르니, 각 물음의 끝에 표시된 배점을 참고하시오.
  배점은 2점, 3점 또는 4점입니다.

- ○ 계산은 문제지의 여백을 활용하시오.

※ 공통 과목 및 자신이 선택한 과목의 문제지를 확인하고, 답을 정확히 표시하시오.
  ○ 공통과목 ··· 1~6 쪽

※ 시험이 시작되기 전까지 표지를 넘기지 마시오.

제 2 교시

수학 영역

5지선다형

1. $\left(32 \times \sqrt{243}\right)^{\frac{4}{5}}$ 의 값은? [2점]

① 72　　② 144　　③ 216　　④ 288　　⑤ 324

2. 함수 $f(x) = (x+1)^2(x+2)$ 에 대하여 $f'(1)$ 의 값은? [2점]

① 14　　② 15　　③ 16　　④ 17　　⑤ 18

3. 등비수열 $\{a_n\}$ 에 대하여 $a_1 = 3$, $\dfrac{a_5}{a_2} = 2$ 일 때, a_{10} 의 값은? [3점]

① 12　　② 18　　③ 24　　④ 30　　⑤ 36

4. $\displaystyle\int_{-2}^{2} (x^7 + 2x^5 + 10x^4 - x)\,dx$ 의 값은? [3점]

① 8　　② 16　　③ 32　　④ 64　　⑤ 128

5. 제2사분면의 각 θ에 대하여 $|\cos\theta|=\dfrac{3}{4}$일 때, $\sin\theta\tan\theta$의 값은? [3점]

① $-\dfrac{7}{12}$ ② $-\dfrac{5}{12}$ ③ 0 ④ $\dfrac{5}{12}$ ⑤ $\dfrac{7}{12}$

6. 함수

$$f(x)=\begin{cases} 2x+3 & (x \le 2) \\ |2x-a| & (x > 2) \end{cases}$$

이 실수 전체의 집합에서 연속이 되도록 하는 모든 실수 a의 값의 합은? [3점]

① 6 ② 7 ③ 8 ④ 9 ⑤ 10

7. 함수 $y=\left(\dfrac{1}{3}\right)^{-x-2}+k$의 그래프가 함수 $y=|4\cos x-2|$의 그래프와 만나지 않도록 하는 실수 k의 최솟값은? [3점]

① 2 ② 4 ③ 6 ④ 8 ⑤ 10

8. 점 $(0, 18)$에서 곡선 $y = x^3 - 2x + 2$에 그은 접선의 x절편은? [3점]

① $-\dfrac{8}{5}$ ② $-\dfrac{9}{5}$ ③ -2 ④ $-\dfrac{11}{5}$ ⑤ $-\dfrac{12}{5}$

9. $a_3 = 2$인 수열 $\{a_n\}$이 모든 자연수 n에 대하여

$$a_{n+1} = \begin{cases} a_n + 2 & (a_n \leq 0) \\ a_n - 3 & (a_n > 0) \end{cases}$$

일 때, $a_1 + a_6$의 최댓값과 최솟값을 각각 M, m이라 하자. $M + m$의 값은? [3점]

① 1 ② 2 ③ 3 ④ 4 ⑤ 5

10. 최고차항의 계수가 1인 삼차함수 $f(x)$가 다음 조건을 만족시킨다.

(가) $f(1) = 2$
(나) 모든 실수 x에 대하여 $(x+1)\{f(x) - 2\} \geq 0$이다.

함수 $f(x)$가 $x = \alpha$에서 극댓값을 가질 때, α의 값은? [3점]

① $-\dfrac{5}{3}$ ② $-\dfrac{4}{3}$ ③ -1 ④ $-\dfrac{2}{3}$ ⑤ $-\dfrac{1}{3}$

11. 자연수 k에 대하여 $0 \leq x < 2\pi$일 때, x에 대한 방정식 $\sin kx = \dfrac{1}{4}$의 서로 다른 실근의 개수가 10이다.

$0 \leq x < 2\pi$일 때, x에 대한 방정식 $\sin kx = \dfrac{1}{4}$의 모든 해의 합은? [4점]

① 5π ② 6π ③ 7π ④ 8π ⑤ 9π

12. 첫째항이 양수인 등차수열 $\{a_n\}$의 첫째항부터 제n항까지의 합을 S_n이라 하자.

$$|S_3| = |S_8| = |S_{15}| - 630$$

을 만족시키는 모든 수열 $\{a_n\}$의 첫째항의 합은? [4점]

① 200   ② 202   ③ 204   ④ 206   ⑤ 208

단답형

13. 방정식 $\log_2(x+1) + \log_2(x-1) = 3$을 만족시키는 실수 x의 값을 구하시오. [3점]

14. $\displaystyle\lim_{x \to a} \dfrac{x^2 + ax + b}{x - a} = -\dfrac{3}{4}b$일 때, $a - b$의 값을 구하시오. (단, a, b는 0이 아닌 상수이다.) [3점]

15. 함수 $y=f(x)$의 그래프가 그림과 같다.

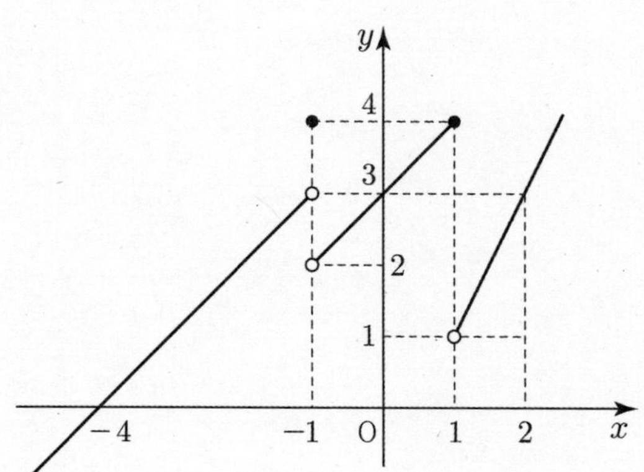

$-4 \le x \le 2$에서 방정식 $\displaystyle\lim_{x \to t-} f(x) + \lim_{x \to t+} f(x) + f(t) = 9$을 만족시키는 모든 실수 t의 값의 합을 구하시오. [3점]

16. 그림과 같이 $\overline{BC}=\overline{CD}=a$인 원에 내접하는 사각형 ABCD의 두 대각선 AC, BD의 교점을 E라 할 때, $\overline{BE}:\overline{ED}=3:1$이다. 사각형 ABCD의 넓이가 $\dfrac{\sqrt{5}}{2}a^2$이고 $\angle ABC = \theta$라 할 때, $\sin^2\theta \times \cos^2\theta = \dfrac{q}{p}$이다. $p+q$의 값을 구하시오. (단, p와 q는 서로소인 자연수이다.) [4점]

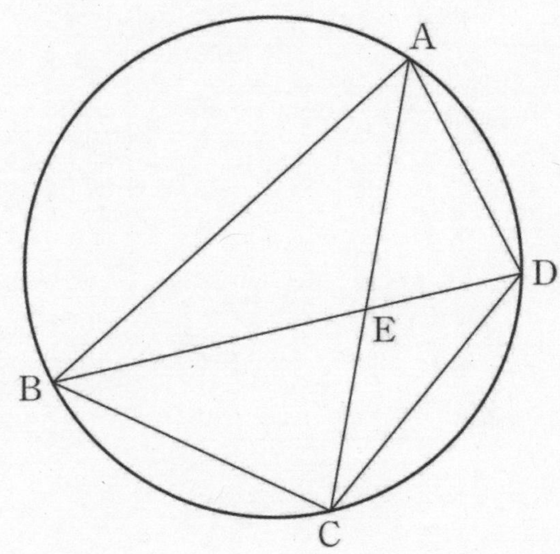

17. 삼차함수 $f(x)$가 다음 조건을 만족시킨다.

> (가) $\displaystyle\lim_{x \to 2} \frac{f(x)}{x-2} = 1$
>
> (나) 1이 아닌 상수 α에 대하여 $\displaystyle\lim_{x \to 1} \frac{f(x)}{(x-1)f'(x)} = \alpha$이다.

$\alpha \times f(5)$의 값을 구하시오. [4점]

어썸 스피드 1753 모의고사 – 수학 7회 문제지

수학 영역

| 성명 | | 수험번호 | | | — | | |

○ 문제지의 해당란에 성명과 수험번호를 정확히 쓰시오.

○ 답안지의 필적 확인란에 다음의 문구를 정자로 기재하시오.

> **밤새 내린 때 이른 첫눈 위에 철새 발자국**

○ 답안지의 해당란에 성명과 수험 번호를 쓰고, 또 수험 번호,
문형 (홀수/짝수), 답을 정확히 표시하시오.

○ 단답형 답의 숫자에 '0'이 포함되면 그 '0'도 답란에 반드시 표시하시오.

○ 문항에 따라 배점이 다르니, 각 물음의 끝에 표시된 배점을 참고하시오.
배점은 2점, 3점 또는 4점입니다.

○ 계산은 문제지의 여백을 활용하시오.

※ 공통 과목 및 자신이 선택한 과목의 문제지를 확인하고, 답을 정확히 표시하시오.

※ 시험이 시작되기 전까지 표지를 넘기지 마시오.

수학 영역

5지선다형

1. $\tan\dfrac{11}{3}\pi$의 값은? [2점]

① $\dfrac{1}{3}$　② $-\dfrac{\sqrt{3}}{3}$　③ 1　④ $-\sqrt{3}$　⑤ 3

2. $\displaystyle\lim_{x\to\infty}\dfrac{\sqrt{4x^2-2}-x}{x+5}$의 값은? [2점]

① 1　② 2　③ 3　④ 4　⑤ 5

3. 모든 항이 양수인 등비수열 $\{a_n\}$에 대하여

$$a_2 a_4 = a_6 = 49$$

일 때, $a_3 + a_9$의 값은? [3점]

① 336　② 350　③ 364　④ 380　⑤ 394

4. 함수 $y=f(x)$의 그래프가 그림과 같다.

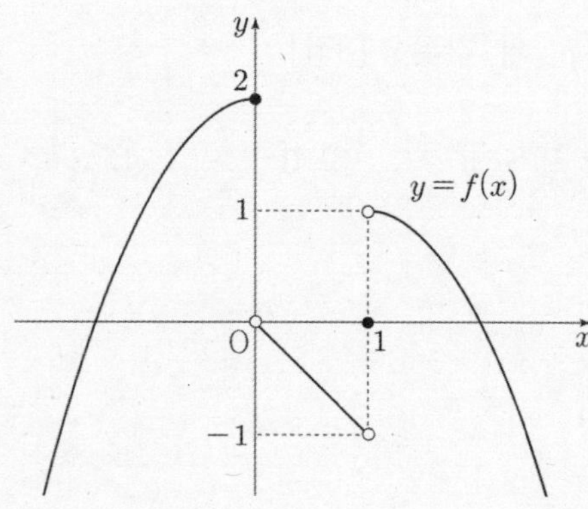

$\displaystyle\lim_{x\to 0-}f(x)\times\lim_{x\to 1-}f(x)$의 값은? [3점]

① -2　② -1　③ 0　④ 1　⑤ 2

5. $\dfrac{3\pi}{2} < \theta < 2\pi$인 θ에 대하여 $6\cos\theta + \tan\theta = \dfrac{5}{\cos\theta}$일 때, $\sin\theta \times \dfrac{1}{\tan\theta}$의 값은? [3점]

① $\dfrac{\sqrt{7}}{3}$　② $\dfrac{2\sqrt{2}}{3}$　③ 3　④ $\dfrac{\sqrt{10}}{3}$　⑤ $\dfrac{\sqrt{11}}{3}$

6. 첫째항이 1인 수열 $\{a_n\}$이 모든 자연수 n에 대하여

$$a_{n+1} = \begin{cases} a_n + 1 & (a_n < 0) \\ -3a_n + 1 & (a_n \geq 0) \end{cases}$$

일 때, $a_{11} + a_{18}$의 값은? [3점]

① -6　② -3　③ 0　④ 3　⑤ 6

7. 부등식 $\log_2 x \leq 5 - \log_2(x-4)$을 만족시키는 모든 정수 x의 값의 합은? [3점]

① 15　② 19　③ 23　④ 26　⑤ 30

8. 두 함수

$$f(x) = x^2 - 2x,$$

$$g(x) = \begin{cases} -x^2 + x & (x < 1) \\ -x^2 + 3x - 2 & (x \geq 1) \end{cases}$$

의 그래프로 둘러싸인 부분의 넓이는? [3점]

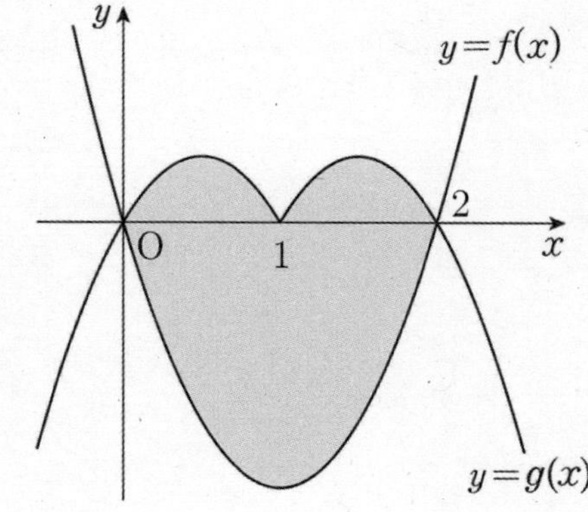

① $\dfrac{5}{3}$　　② 2　　③ $\dfrac{7}{3}$　　④ $\dfrac{8}{3}$　　⑤ 3

9. 최고차항의 계수가 1인 다항함수 $f(x)$가 모든 실수 x에 대하여

$$x f'(x) - 3 f(x) = 4x^2 - 6x$$

를 만족시킬 때, $f(2)$의 값은? [4점]

① -1　　② -2　　③ -3　　④ -4　　⑤ -5

10. 두 함수 $f(x) = 2^{x-a} + 1$, $g(x) = \dfrac{1}{8} \times 2^{x-a} + b$에 대하여

직선 $y = 2x - 5$가 두 곡선 $y = f(x)$, $y = g(x)$와 모두 접할 때, b의 값은? (단, a, b는 상수이다.) [4점]

① -7　　② -5　　③ 0　　④ 5　　⑤ 7

11. 삼차함수 $f(x)=-x^3+ax^2+bx$에 대하여 곡선 $y=f(x)$와 직선 $y=4kx\ (k>0)$이 원점에서 접하고 원점이 아닌 점 A에서 만난다. 곡선 $y=f(x)$ 위의 점 A에서의 접선과 직선 $y=-\dfrac{1}{k}x$가 서로 평행일 때, a^2의 최솟값은?

(단, a, b, k는 실수이다.) [4점]

① 1   ② 2   ③ 3   ④ 4   ⑤ 5

12. 그림과 같이 반지름의 길이가 $2\sqrt{5}$인 원에 내접하고 $\angle \mathrm{BAC}=\dfrac{\pi}{3}$인 삼각형 ABC가 있다. 점 C를 지나고 직선 AB에 평행한 직선이 원과 만나는 점 중 점 C가 아닌 점을 D, 선분 AC와 선분 BD가 만나는 점을 E라 하자. 삼각형 BCE의 넓이가 $\dfrac{9\sqrt{3}}{2}$일 때, $(\overline{\mathrm{AB}}-\overline{\mathrm{CD}})^2$의 값은?

(단, $\overline{\mathrm{AB}}>\overline{\mathrm{CD}}$) [4점]

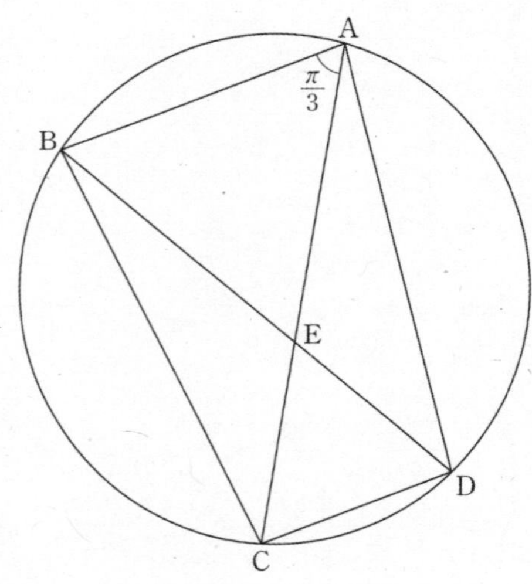

① 2   ② 4   ③ 6   ④ 8   ⑤ 10

단답형

13. 부등식 $\displaystyle\sum_{k=1}^{5}2^{k-1}<\sum_{k=1}^{n}\left(2k^2-1\right)<\sum_{k=1}^{5}\left(2\times 3^{k-1}\right)$을 만족시키는 모든 자연수 n의 값의 합을 구하시오. [3점]

14. $\log_2 24-\log_4 9$의 값을 구하시오. [3점]

15. 함수 $f(x)=2x^3-ax^2$이 열린구간 $(3,\ 4)$에서 극값을 갖도록 하는 모든 자연수 a의 값의 합을 구하시오. [3점]

16. 수직선 위를 움직이는 점 P의 시각 $t\,(t\geq 0)$에서의 위치 $x(t)$가

$$x(t)=t^3-3t^2+3kt\ (k\text{는 실수})$$

이다. $0\leq t\leq 3$에서 점 P의 속력의 최댓값이 10이 되도록 하는 모든 실수 k에 대하여 시각 $t=k+10$에서의 점 P의 가속도의 크기의 최댓값을 구하시오. [3점]

17. 함수 $f(x)=x^4-2x^2$과 실수 t에 대하여 곡선 $y=f(x)$ 위의 점 $(t,\,f(t))$에서의 접선이 y축과 만나는 점을 P라 할 때, 선분 OP의 길이를 $g(t)$라 하자.

$$\lim_{h\to 0+}\frac{g(t+h)-g(t)}{h}\times\lim_{h\to 0-}\frac{g(t+h)-g(t)}{h}<0$$

을 만족시키는 t의 값을 α, β $(\beta>\alpha)$라 할 때,

$\beta-\alpha=\dfrac{q}{p}\sqrt{6}$이다. $p+q$의 값을 구하시오.

(단, O는 원점이고, p와 q는 서로소인 자연수이다.) [4점]

어썸 스피드 1753 모의고사 – 수학 8회 문제지

수학 영역

성명 │   │   수험번호 │   │   │   │ — │   │   │   │

○ 문제지의 해당란에 성명과 수험번호를 정확히 쓰시오.

○ 답안지의 필적 확인란에 다음의 문구를 정자로 기재하시오.

봄이 온다는 매화의 믿음이 꽃망울 조롱조롱

○ 답안지의 해당란에 성명과 수험 번호를 쓰고, 또 수험 번호,
   문형 (홀수/짝수), 답을 정확히 표시하시오.

○ 단답형 답의 숫자에 '0'이 포함되면 그 '0'도 답란에 반드시 표시하시오.

○ 문항에 따라 배점이 다르니, 각 물음의 끝에 표시된 배점을 참고하시오.
   배점은 2점, 3점 또는 4점입니다.

○ 계산은 문제지의 여백을 활용하시오.

※ 공통 과목 및 자신이 선택한 과목의 문제지를 확인하고, 답을 정확히 표시하시오.

   ○ 공통과목 ··· 1~6 쪽

※ 시험이 시작되기 전까지 표지를 넘기지 마시오.

제 2 교시

수학 영역

5지선다형

1. $\left(2\sqrt{2}\right)^{\frac{1}{3}} \times 2^{\frac{3}{2}}$의 값은? [2점]

① 1　　② $\sqrt{2}$　　③ 2　　④ $2\sqrt{2}$　　⑤ 4

2. $\displaystyle\int_{0}^{2}(3x^3+6x^2)\,dx$의 값은? [2점]

① 24　　② 26　　③ 28　　④ 30　　⑤ 32

3. 등차수열 $\{a_n\}$에 대하여

$$a_4 = 7,\ 2a_7 - a_{17} = 0$$

일 때, a_1의 값은? [3점]

① 1　　② 2　　③ 3　　④ 4　　⑤ 5

4. 함수 $y=f(x)$의 그래프가 그림과 같다.

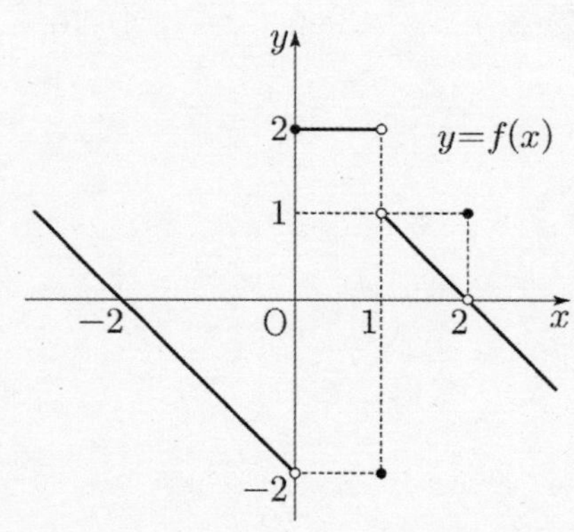

$$\lim_{x \to 0+} f(x) + \lim_{x \to 1-} f(x) + f(2)$$의 값은? [3점]

① 1　　② 2　　③ 3　　④ 4　　⑤ 5

5. $\tan\theta > 0$이고 $\cos\left(\dfrac{\pi}{2}+\theta\right)=\dfrac{\sqrt{3}}{3}$일 때, $\cos\theta$의 값은? [3점]

① $-\dfrac{\sqrt{6}}{3}$ ② $-\dfrac{\sqrt{3}}{3}$ ③ 0 ④ $\dfrac{\sqrt{3}}{3}$ ⑤ $\dfrac{\sqrt{6}}{3}$

6. 함수 $f(x)=x^2-3x+4$에서 x의 값이 a에서 $a+2$까지 변할 때의 평균변화율이 5이다. $\displaystyle\lim_{h\to 0}\dfrac{f(a+2h)-f(a-h)}{h}$의 값은? (단, a는 상수이다.) [3점]

① 7   ② 8   ③ 9   ④ 10   ⑤ 11

7. 두 수열 $\{a_n\}$, $\{b_n\}$에 대하여 $\displaystyle\sum_{k=1}^{10}a_k=20$, $\displaystyle\sum_{k=1}^{10}b_k=5$일때, $\displaystyle\sum_{k=1}^{10}(\sqrt{a_k}+\sqrt{b_k})(\sqrt{a_k}-\sqrt{b_k})$의 값은? [3점]

① 11   ② 12   ③ 13   ④ 14   ⑤ 15

8. 함수 $f(x) = \dfrac{x^2 + x + 2}{ax^2 - 2ax + 3}$ 이 실수 전체의 집합에서 연속이

되도록 하는 모든 정수 a의 개수는? [3점]

① 1   ② 2   ③ 3   ④ 4   ⑤ 5

9. 다음 조건을 만족시키는 모든 자연수 n의 값의 합은? [4점]

> (가) $\sqrt{\left(\dfrac{1}{2}\right)^n} > 4^{-10}$
>
> (나) $\log_2 5 \times \{\log_5(4n+8) - \log_5 2\}$의 값은 정수이다.

① 48   ② 50   ③ 52   ④ 54   ⑤ 56

10. $f(3) = 2$ $f'(3) = 3$, $g(1) = 6$ 인 다항함수 $f(x)$와 최고차항의 계수가 1인 이차함수 $g(x)$가

$$\lim_{x \to 3} \frac{f(x) - g(x)}{x - 3} = a$$

을 만족시킬 때, a의 값은? [4점]

① 3   ② 4   ③ 5   ④ 6   ⑤ 7

11. 기울기가 $\dfrac{1}{3}$ 인 직선 l이 곡선 $y=\log_2 2x$와 서로 다른 두 점에서 만날 때, 만나는 두 점 중 x좌표가 큰 점을 A라 하고, 직선 l이 곡선 $y=\log_2 4x$와 만나는 두 점 중 x좌표가 큰 점을 B라 하자. $\overline{AB}=3\sqrt{10}$일 때, 점 A에서 x축에 내린 수선의 발 C에 대하여 삼각형 ABC의 넓이는? [4점]

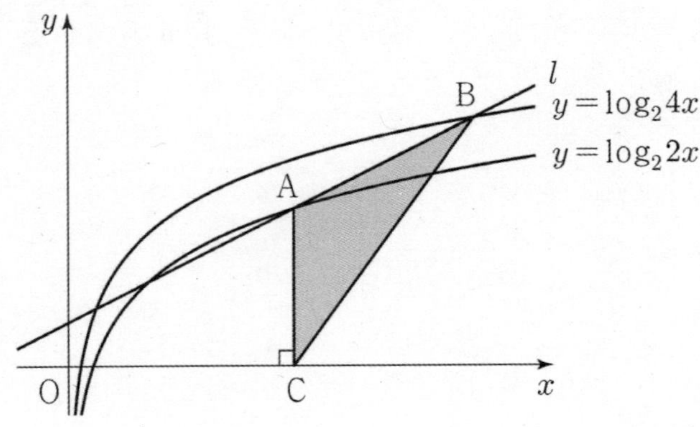

① $\dfrac{7}{2}$ ② $\dfrac{7\log_2 3}{2}$ ③ $\dfrac{9}{2}$

④ $\dfrac{9\log_2 3}{2}$ ⑤ $\dfrac{9(1+\log_2 3)}{2}$

12. 그림과 같이 사각형 ABCD가 한 원에 내접하고 $\overline{AB}=5$, $\overline{AC}=3\sqrt{5}$, $\overline{AD}=7$, $\angle BAC=\angle CAD$일 때, 선분 BC의 길이와 선분 CD의 길이의 곱은? [4점]

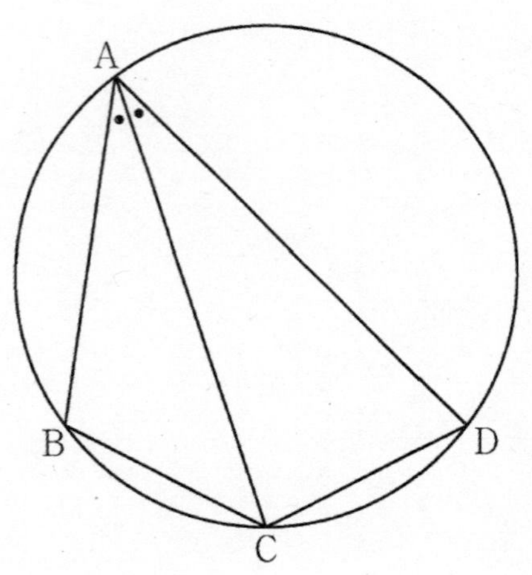

① $\sqrt{10}$ ② 5   ③ 10   ④ 15   ⑤ 20

13. $4\sin\dfrac{5}{6}\pi$의 값을 구하시오. [3점]

14. 함수 $f(x)$에 대하여 $f'(x)=8x^3+4x$이고 $f(0)=4$일 때, $f(1)$의 값을 구하시오. [3점]

15. 함수 $f(x)=x^3-2x^2+ax+9$이 $x=2$에서 극소일 때,

함수 $f(x)$의 극댓값이 $\dfrac{q}{p}$일 때, $p+q$의 값을 구하시오.

(단, a는 상수이고, p와 q는 서로소인 자연수이다.) [3점]

16. 수열 $\{a_n\}$이 다음 조건을 만족시킨다.

(가) $a_1=-4$

(나) 모든 자연수 n에 대하여 $|a_{n+1}-a_n|=3$이다.

$\displaystyle\sum_{n=1}^{8}|a_n|$의 최솟값을 구하시오. [3점]

17. 최고차항의 계수가 3인 이차함수 $f(x)$에 대하여 함수

$$g(x) = x^2 \int_0^x f(t)\,dt - \int_0^x t^2 f(t)\,dt$$

가 다음 조건을 만족시킨다.

(가) 함수 $g(x)$는 극값을 갖지 않는다.
(나) 방정식 $g'(x) = 0$의 모든 실근은 0, 4이다.

$\displaystyle\int_0^3 |f(x)|\,dx = \dfrac{q}{p}$ 일 때, $p+q$의 값을 구하시오.
(단, p와 q는 상수이다.) [4점]

어썸 스피드 1753 모의고사 - 수학 9회 문제지

수학 영역

성명 [ ]　　수험번호 [ ][ ][ ] — [ ][ ][ ]

○ 문제지의 해당란에 성명과 수험번호를 정확히 쓰시오.

○ 답안지의 필적 확인란에 다음의 문구를 정자로 기재하시오.

설움도 끝나고 하늘 끝에 해바라기 넌지시

○ 답안지의 해당란에 성명과 수험 번호를 쓰고, 또 수험 번호,
문형 (홀수/짝수), 답을 정확히 표시하시오.

○ 단답형 답의 숫자에 '0'이 포함되면 그 '0'도 답란에 반드시 표시하시오.

○ 문항에 따라 배점이 다르니, 각 물음의 끝에 표시된 배점을 참고하시오.
배점은 2점, 3점 또는 4점입니다.

○ 계산은 문제지의 여백을 활용하시오.

※ 공통 과목 및 자신이 선택한 과목의 문제지를 확인하고, 답을 정확히 표시하시오.
　○ 공통과목 ··· 1~6쪽

※ 시험이 시작되기 전까지 표지를 넘기지 마시오.

수학 영역

5지선다형

1. $\left(\sqrt{7}^{\sqrt{7}} \times 7\right)^{\sqrt{7}-2}$ 의 값은? [2점]

   ① $\dfrac{\sqrt{7}}{7}$ ② 1 ③ $\sqrt{7}$ ④ 7 ⑤ $7\sqrt{7}$

2. 함수 $f(x)=x^4+2x^2-3x+1$ 에 대하여 $f'(1)$ 의 값은? [2점]

   ① 1 ② 3 ③ 5 ④ 7 ⑤ 9

3. $\sin\theta-\cos\theta=\dfrac{1}{3}$ 일 때, $(3\sin\theta+\cos\theta)(\sin\theta+3\cos\theta)$ 의 값은? [3점]

   ① 7 ② $\dfrac{65}{9}$ ③ $\dfrac{67}{9}$ ④ $\dfrac{23}{3}$ ⑤ $\dfrac{71}{9}$

4. 다항함수 $f(x)$ 에 대하여 함수 $g(x)$ 를

$$g(x)=(x^3-8)f(x)$$

라 하자. 곡선 $y=f(x)$ 위의 점 $(1,\ 2)$ 에서의 접선과 곡선 $y=g(x)$ 위의 점 $(1,\ g(1))$ 에서의 접선이 서로 수직이고 $f'(1)<0$ 일 때, $g'(1)$ 의 값은? [3점]

   ① 1 ② 3 ③ 5 ④ 7 ⑤ 9

5. 수열 $\{a_n\}$은 $2 < a_1 < 3$이고, 모든 자연수 n에 대하여

$$a_{n+1} = \begin{cases} -3a_n & (a_n < 0) \\ a_n - 3 & (a_n \geq 0) \end{cases}$$

을 만족시킨다. $a_7 = -2$일 때, $90 \times a_1$의 값은? [3점]

① 200　　② 210　　③ 220　　④ 230　　⑤ 240

6. 함수 $f(x) = x^3 - 4x^2 + 6x + a$에 대하여
곡선 $y = f(x)$ 위의 점 $(2, f(2))$에서의 접선이 x축, y축과
만나는 점을 각각 P, Q라 하자. $\overline{PQ} = 2\sqrt{5}$일 때, 양수 a의
값은? [3점]

① 2　　　② 4　　　③ 6　　　④ 8　　　⑤ 10

7. 다항함수 $f(x)$가 모든 실수 x에 대하여

$$\int_0^x f(t)\,dt + xf(x) = 4x^3$$

을 만족시킬 때, $\int_1^4 f(x)\,dx$의 값은? [3점]

① 61　　② 63　　③ 65　　④ 67　　⑤ 69

8. 두 함수

$$f(x) = x^3 + 4x^2 - x, \quad g(x) = x^2 + 8x + a$$

가 있다. $x \geq 0$인 모든 실수 x에 대하여 부등식

$$f(x) \geq g(x)$$

가 성립할 때, 실수 a의 최댓값은? [3점]

① -1 ② -2 ③ -3 ④ -4 ⑤ -5

9. 함수 $f(x) = x^2 - 8x + 12$에 대하여 함수 $g(x)$가

$$g(x) = \frac{f(x) + |f(x)|}{2}$$

일 때, 함수 $y = g(x)$의 그래프와 직선 $y = 12$로 둘러싸인 부분의 넓이는? [3점]

① $\dfrac{220}{3}$ ② 74 ③ $\dfrac{224}{3}$ ④ $\dfrac{226}{3}$ ⑤ 76

10. 그림과 같이 정의역이 $\{x \mid -6 < x < 0\} \cup \{x \mid 0 < x < 6\}$인 함수 $f(x) = \tan(ax + b)$ $(a > 0,\ 0 < b < \pi)$의 그래프와 x축이 두 점 A$(3,\ 0)$, B$(-3,\ 0)$에서 만난다. 점 B를 지나고 기울기가 양수인 직선이 함수 $y = f(x)$의 그래프와 만나는 점 중 제2사분면의 점을 C, 제3사분면의 점을 D라 하자. 삼각형 OAC의 넓이가 1일 때, 함수 $y = f(x)$의 그래프와 두 직선 AC, AD로 둘러싸인 색칠한 부분의 넓이를 c라 하자. $a \times b \times c$의 값은? (단, O는 원점이고 c는 상수이다.) [3점]

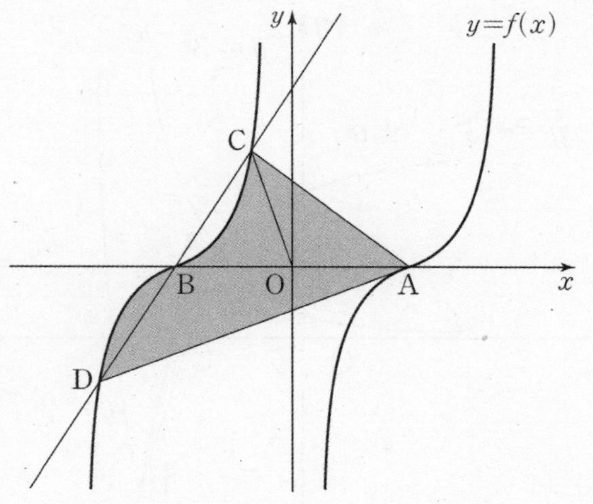

① $\dfrac{\pi^2}{4}$ ② $\dfrac{\pi^2}{3}$ ③ $\dfrac{\pi^2}{2}$ ④ π^2 ⑤ $2\pi^2$

11. 그림과 같이 두 양수 a, b에 대하여 곡선 $y=-3^{x-1}+a$가 두 곡선 $y=3^{x-b}$, $y=9^{x-4}-78$과 만나는 점을 각각 A, B라 하고 직선 AB가 x축과 만나는 점을 C, 곡선 $y=3^{x-b}$이 y축과 만나는 점을 D, 점 D를 지나고 직선 AB와 평행한 직선이 x축과 만나는 점을 E라 하자. $\overline{AC}=27\overline{DE}$이고 직선 AD의 기울기가 $\dfrac{26}{27}$일 때, 직선 BD의 기울기는? (단, 점 A는 제1사분면 위에 있다.) [4점]

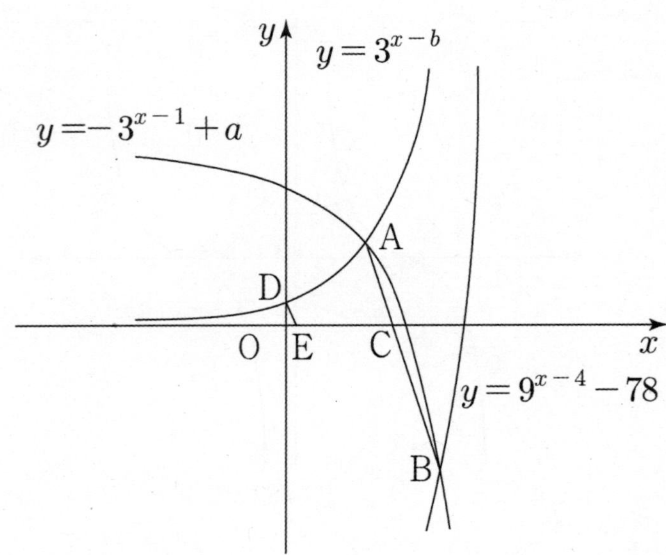

① $-\dfrac{124}{9}$ ② $-\dfrac{69}{5}$ ③ $-\dfrac{622}{45}$ ④ $-\dfrac{623}{45}$ ⑤ $-\dfrac{208}{15}$

12. 수열 $\{a_n\}$이 모든 자연수 n에 대하여 다음 조건을 만족시킨다.

> (가) $|a_{2n-1}|+a_{2n}=6n+9$
> (나) $a_{2n-1}+|a_{2n}|=4n+5$

$\displaystyle\sum_{n=1}^{19} a_n$의 값은? [4점]

① 211 ② 212 ③ 213 ④ 214 ⑤ 215

13. 두 실수 a, b에 대하여

$$4^a=9, \quad b=\log_9 25$$

일 때, 2^{ab}의 값을 구하시오. [3점]

14. 두 수열 $\{a_n\}$, $\{b_n\}$에 대하여

$$\sum_{k=1}^{10}(3a_k+2)=65, \quad \sum_{k=1}^{10}(a_k+b_k)=26$$

일 때, $\displaystyle\sum_{k=1}^{10} b_k$의 값을 구하시오. [3점]

15. 수직선 위를 움직이는 점 P의 시각 $t(t \geq 0)$에서의 속도 $v(t)$가

$$v(t) = 8t^3 - 216t$$

이다. 시각 $t=k\,(k>0)$에서 점 P의 가속도가 0일 때, 시각 $t=0$에서 $t=k$까지 점 P가 움직인 거리를 구하시오. (단, k는 상수이다.) [3점]

16. 그림과 같이 $\overline{BC}=7$, $\cos(\angle BCA)=\dfrac{2}{7}$인 삼각형 ABC의 변 AC 위에 $\angle BAC = \angle DBC$인 점 D가 있다. $\angle ABD$의 이등분선이 선분 AD와 만나는 점을 E라고 할 때, $\overline{DE}=3$이다.

$\cos(\angle BAC)=\dfrac{q}{p}$일 때, $p+q$의 값을 구하시오.

(단, $\overline{CA}>7$이고, p와 q는 서로소인 자연수이다.) [4점]

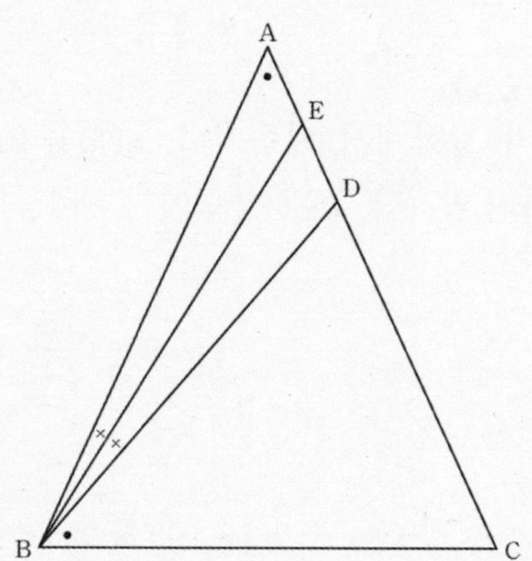

17. 다항함수 $f(x)$가

$$\lim_{x \to \infty} \frac{f(x)}{x^4} = 1$$

을 만족시키고, 함수

$$g(x) = \begin{cases} \dfrac{f(x)}{(x-a)(3x-a^2)} & (x \neq a) \\ 9 & (x = a) \end{cases}$$

가 실수 전체의 집합에서 연속이다. $g(1) = 10$일 때, $f(2)$의 최댓값을 구하시오. (단, a는 상수이다.) [4점]

어썸 스피드 1753 모의고사 – 수학 10회 문제지

수학 영역

| 성명 | | 수험번호 | | | — | | |

○ 문제지의 해당란에 성명과 수험번호를 정확히 쓰시오.

○ 답안지의 필적 확인란에 다음의 문구를 정자로 기재하시오.

아빠는 이렇게 오늘도 살아냈다

○ 답안지의 해당란에 성명과 수험 번호를 쓰고, 또 수험 번호,
   문형 (홀수/짝수), 답을 정확히 표시하시오.

○ 단답형 답의 숫자에 '0'이 포함되면 그 '0'도 답란에 반드시 표시하시오.

○ 문항에 따라 배점이 다르니, 각 물음의 끝에 표시된 배점을 참고하시오.
   배점은 2점, 3점 또는 4점입니다.

○ 계산은 문제지의 여백을 활용하시오.

※ 공통 과목 및 자신이 선택한 과목의 문제지를 확인하고, 답을 정확히 표시하시오.

※ 시험이 시작되기 전까지 표지를 넘기지 마시오.

수학 영역

5지선다형

1. $\lim\limits_{x \to 2} \dfrac{\sqrt{4x-7}-1}{x-2}$ 의 값은? [2점]

① 1　　② 2　　③ 3　　④ 4　　⑤ 5

2. 등비수열 $\{a_n\}$에 대하여 $a_2 = \dfrac{1}{3}$, $a_8 = (a_5)^4$일 때, a_{10}의 값은?

[2점]

① 1　　② 3　　③ 9　　④ 27　　⑤ 81

3. $\dfrac{\pi}{2} < \theta < \pi$인 θ에 대하여 $\cos^2\theta = \dfrac{9}{25}$일 때, $\sin^2\theta + \cos\theta$의 값은? [3점]

① $\dfrac{1}{25}$　　② $\dfrac{2}{25}$　　③ $\dfrac{3}{25}$　　④ $\dfrac{4}{25}$　　⑤ $\dfrac{1}{5}$

4. 함수 $y = f(x)$의 그래프가 그림과 같다.

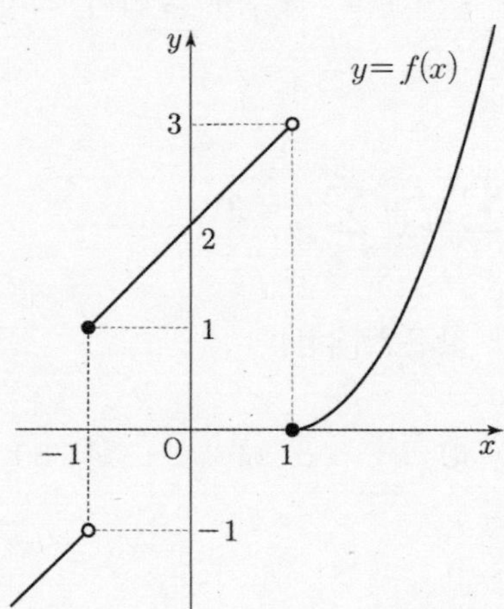

$\lim\limits_{x \to -1-} f(x) + \lim\limits_{x \to 1+} f(x)$의 값은? [3점]

① -1　　② 0　　③ 1　　④ 2　　⑤ 4

5. 두 양수 a, b에 대하여 함수 $f(x)$가

$$f(x) = \begin{cases} 2x + a & (x < -2) \\ 3x & (-2 \le x < 2) \\ bx - 6 & (x \ge 2) \end{cases}$$

이다. 함수 $|f(x)|$가 실수 전체의 집합에서 연속일 때, $a + b$의 값은? [3점]

① 16　　② 17　　③ 18　　④ 19　　⑤ 20

6. 공비가 $\sqrt{2}$인 등비수열 $\{a_n\}$과 공비가 $-\sqrt{2}$인 등비수열 $\{b_n\}$에 대하여

$$a_1 = b_1, \quad \sum_{n=1}^{10} a_n + \sum_{n=1}^{10} b_n = 310$$

일 때, $a_3 + b_3$의 값은? [3점]

① 20　　② 40　　③ 60　　④ 80　　⑤ 100

7. 함수 $f(x) = x^4 + 2x^3 + ax$가 극댓값을 갖도록 하는 모든 정수 a의 개수는? [3점]

① 1　　② 2　　③ 3　　④ 4　　⑤ 5

8. 그림과 같이 두 상수 a, k에 대하여 직선 $x=k$가 두 곡선 $y=2^{x-1}+2$, $y=\log_2(x-a)$와 만나는 점을 각각 A, B라 하고, 점 B를 지나고 기울기가 -1인 직선이 곡선 $y=2^{x-1}+2$와 만나는 점을 C라 하자. $\overline{AB}=17$, $\overline{BC}=3\sqrt{2}$일 때, 곡선 $y=\log_2(x-a)$가 x축과 만나는 점 D에 대하여 사각형 ACDB의 넓이는? (단, $0<a<k$) [3점]

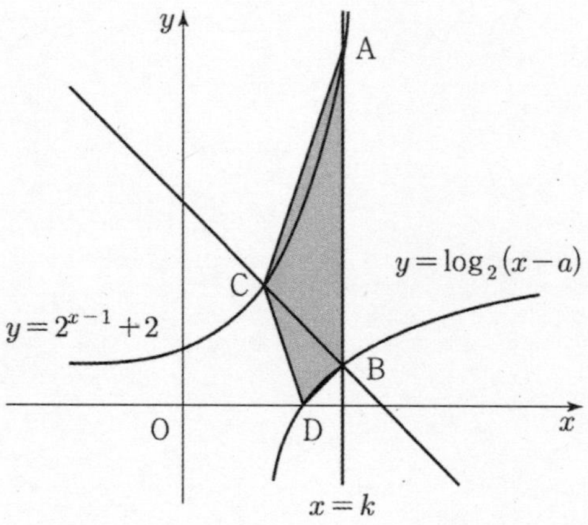

① $\dfrac{57}{2}$ ② 29 ③ $\dfrac{59}{2}$ ④ 30 ⑤ $\dfrac{61}{2}$

9. 그림과 같이 원에 내접하는 사각형 ABCD가 있다. $\overline{AB}=\overline{AD}=4$, $\overline{BC}=1$, $\angle ABC=\dfrac{2}{3}\pi$일 때, $\sin(\angle BCD)$의 값은? [3점]

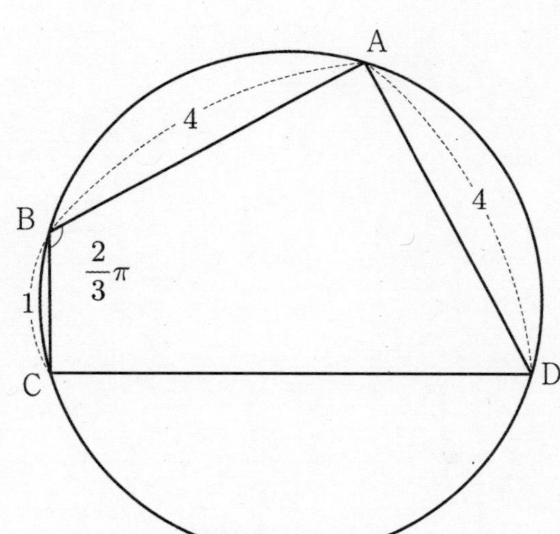

① $\dfrac{\sqrt{3}}{14}$ ② $\dfrac{3\sqrt{3}}{14}$ ③ $\dfrac{2\sqrt{3}}{7}$ ④ $\dfrac{3\sqrt{3}}{7}$ ⑤ $\dfrac{4\sqrt{3}}{7}$

10. 함수 $f(x)=x^2-6x+10$의 그래프 위의 점 A(4, 2)에서의 접선을 l이라 하자. 곡선 $y=f(x)$와 직선 l 및 y축으로 둘러싸인 부분의 넓이를 직선 $y=k$가 이등분할 때, 상수 k에 대하여 $3k$의 값은? [3점]

① 0 ② $-18+8\sqrt{2}$ ③ $-18+8\sqrt{3}$ ④ $-18+8\sqrt{5}$ ⑤ $-18+8\sqrt{6}$

11. 두 곡선 $y=27^x$, $y=3^x$과 한 점 $A(81, 3^{81})$이 있다. 점 A를 지나며 x축과 평행한 직선이 곡선 $y=27^x$과 만나는 점을 P_1이라 하고, 점 P_1을 지나며 y축과 평행한 직선이 곡선 $y=3^x$과 만나는 점을 Q_1이라 하자. 점 Q_1을 지나며 x축과 평행한 직선이 $y=27^x$과 만나는 점을 P_2라 하고, 점 P_2를 지나며 y축과 평행한 직선이 곡선 $y=3^x$과 만나는 점을 Q_2라 하자. 이와 같은 과정을 계속하여 n번째 얻은 두 점을 각각 P_n, Q_n이라 하고 점 Q_n의 x좌표를 x_n이라 할 때, $x_n < \dfrac{1}{k}$을 만족시키는 n의 최솟값이 9가 되도록 하는 자연수 k의 개수는? [4점]

① 153   ② 156   ③ 159   ④ 162   ⑤ 165

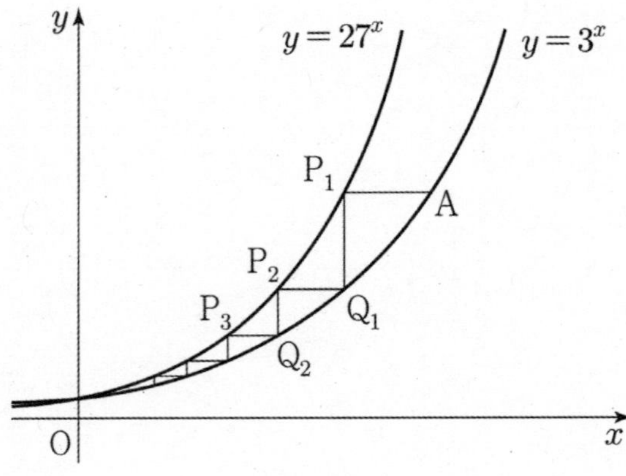

12. 함수

$$f(x) = a - 2\tan 3x$$

가 닫힌구간 $\left[-\dfrac{\pi}{12},\ b\right]$에서 최댓값 10, 최솟값 6을 가질 때, $a \times b$의 값은? (단, a, b는 상수이다.) [4점]

① $\dfrac{3\pi}{4}$ ② $\dfrac{2\pi}{3}$ ③ $\dfrac{7\pi}{12}$ ④ $\dfrac{\pi}{2}$ ⑤ $\dfrac{5\pi}{12}$

13. 함수 $f(x)$에 대하여 $f'(x) = 3x^2 + 4x - 2$이고 $f(1) = 4$일 때, $f(3)$의 값을 구하시오. [3점]

14. $\log_5 3 \times \log_3 125$의 값을 구하시오. [3점]

15. $f(0)=5$인 이차함수 $f(x)$가

$$\lim_{h \to 0} \frac{f(2+h)-f(2)}{h}=12, \quad \lim_{x \to -1} \frac{f(x)-f(-1)}{x+1}=0$$

를 만족시킬 때, 함수 $f(x)$의 최솟값을 구하시오. [3점]

16. 실수 전체의 집합에서 연속인 함수 $f(x)$가 다음 조건을 만족시킨다.

(가) $-1 \le x \le 1$인 모든 실수 x에 대하여
$$f(x)=14x^6+x^2\int_{-1}^{1} f(t)\,dt \text{이다.}$$

(나) 모든 실수 x에 대하여 $f(x+2)=f(x)$이다.

$\displaystyle\int_{-5}^{6} f(x)\,dx$의 값을 구하시오. [4점]

17. 수열 $\{a_n\}$이 다음 조건을 만족시킨다.

> (가) $a_1 = 4$, $a_2 = 5$
>
> (나) 모든 자연수 n에 대하여 $a_n + a_{n+1} + a_{n+2} = n + 16$이다.

a_1, a_2, a_3, $\cdots$, a_{20} 중에서 3의 배수인 것들의 합을 구하시오.

[4점]

4.정답 ⑤

수학2	★☆☆☆☆	함수의 극한

함수 $y=f(x)$ 의 그래프가 그림과 같다.

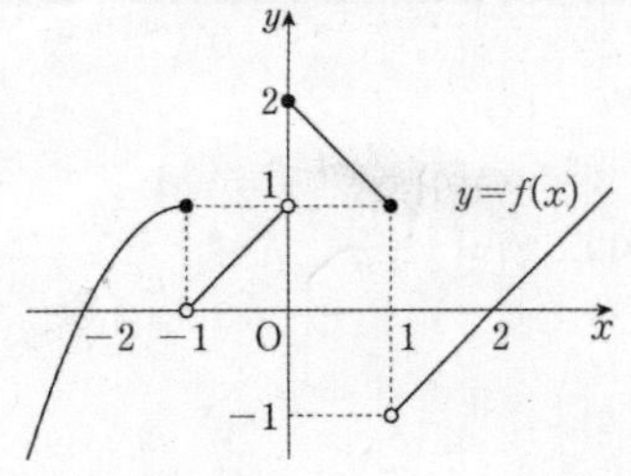

① $\displaystyle\lim_{x\to0+}f(x)+\lim_{x\to1-}f(x)$의 값은?

① -3 ② -1 ③ 0
④ 1 ⑤ 3

Answer

① $\displaystyle\lim_{x\to0+}f(x)+\lim_{x\to1-}f(x)=2+1=3$

개념 Review

(1)좌극한 : 함수 $f(x)$ 에서 x가 a보다 작은 값을 가지면서 a에 한없이 가까워질 때 $f(x)$ 의 값이 일정한 값 α 에 한없이 가까워지면 $\displaystyle\lim_{x\to a-}f(x)=\alpha$로 나타내고, 이때 α 를 $f(x)$ 의 좌극한 또는 좌극한값이라고 한다.

(2)우극한 : 함수 $f(x)$ 에서 x가 a보다 큰 값을 가지면서 a에 한없이 가까워질 때 $f(x)$ 의 값이 일정한 값 β에 한없이 가까워지면 $\displaystyle\lim_{x\to a+}f(x)=\beta$로 나타내고, 이때 β를 $f(x)$ 의 우극한 또는 우극한값이라고 한다.

5.정답 ③

수학1	★☆☆☆☆	등차수열

① 등차수열 $\{a_n\}$ 에 대하여
② $a_1=2,\ a_2+a_3=7$일 때, ③ a_4+a_5 의 값은?

① 9 ② 10 ③ 11
④ 12 ⑤ 13

Answer

① 등차수열 $\{a_n\}$ 에 대하여 공차를 d 라 하면
② $a_1=2,\ a_2+a_3=(a_1+d)+(a_1+2d)$
$$=2a_1+3d$$
$$=4+3d=7$$
따라서 $d=1$
③ $a_4+a_5=(a_1+3d)+(a_1+4d)$
$$=2a_1+7d$$
$$=4+7=11$$

개념 Review

등차수열 $\{a_n\}$ 에 대하여 첫째항을 a , 공차를 d 라 하면
$$a_n=a+(n-1)d$$

6.정답 ②

수학2	★★☆☆☆	정적분의 활용(넓이)

그림과 같이 ① 곡선 $y=x^2-4x+6$ 위의 점 $A(4,\ 6)$에서의 접선을 l이라 할 때, ② 곡선 $y=x^2-4x+6$과 직선 l 및 y축으로 둘러싸인 부분의 넓이는?

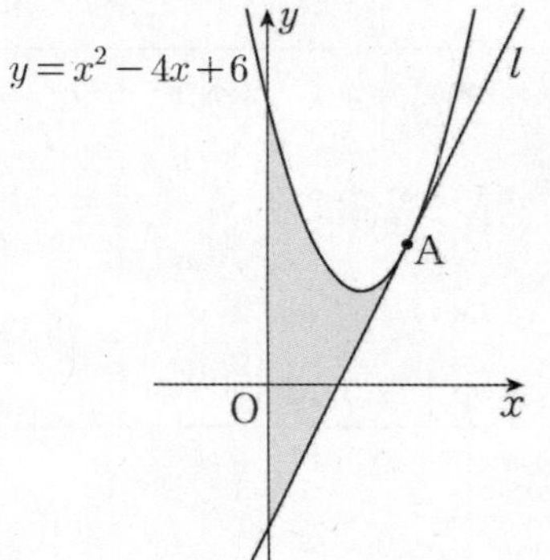

① $\dfrac{61}{3}$ ② $\dfrac{64}{3}$ ③ $\dfrac{67}{3}$
④ $\dfrac{70}{3}$ ⑤ $\dfrac{73}{3}$

Answer

① $f(x)=x^2-4x+6$이라 하면 $f'(x)=2x-4$
이때 곡선 $y=f(x)$ 위의 점 $A(4,\ 6)$에서의 접선의 기울기가 $f'(4)=4$이므로 접선 l의 방정식은
$$y-6=4(x-4),\ \ y=4x-10$$
② 따라서 곡선 $y=f(x)$와 직선 l 및 y축으로 둘러싸인 부분의 넓이는
$$\int_0^4\{x^2-4x+6-(4x-10)\}\,dx$$
$$=\int_0^4(x^2-8x+16)\,dx$$
$$=\left[\frac{1}{3}x^3-4x^2+16x\right]_0^4=\frac{64}{3}$$

개념 Review

(1) 삼각함수의 부호
각 사분면에서 삼각함수의 값의 부호가 $+$인 것을 나타내면 다음과 같다.

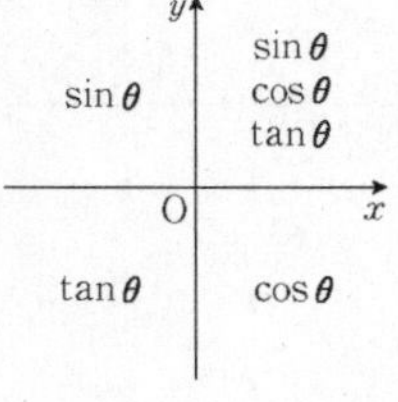

수학 영역

1회 빠른 정답											
1	①	2	①	3	④	4	⑤	5	③	6	②
7	④	8	④	9	①	10	①	11	⑤	12	③
13	6	14	1	15	2	16	1	17	97		

1.정답 ①

수학1	★☆☆☆☆	지수

① $(-\sqrt{3})^4 \times 27^{-\frac{2}{3}}$ 의 값은?

① 1 ② 2 ③ 3
④ 4 ⑤ 5

Answer

① $(-\sqrt{3})^4 \times 27^{-\frac{2}{3}}$

$= (-1)^4 \times \left(3^{\frac{1}{2}}\right)^4 \times (3^3)^{-\frac{2}{3}}$

$= 1 \times 3^{\frac{1}{2}\times 4} \times 3^{3\times\left(-\frac{2}{3}\right)}$

$= 3^2 \times 3^{-2}$

$= 3^{2+(-2)}$

$= 3^0$

$= 1$

개념 Review

$a > 0$이고, n, m이 실수일 때,

$(\sqrt[n]{a})^m = a^{\frac{m}{n}}$

$(a^n)^m = a^{nm}$

$a^n \times a^m = a^{n+m}$

2.정답 ①

수학2	★☆☆☆☆	미분계수

① 함수 $f(x) = x^3 - 2x + 9$에 대하여 $f'(1)$의 값은?

① 1 ② 2 ③ 3
④ 4 ⑤ 5

Answer

① $f'(x) = 3x^2 - 2$이므로 $f'(1) = 1$

개념 Review

① $y = x^n (n$은 자연수)이면 $y' = nx^{n-1}$

② $y = c$ (c는 상수)이면 $y' = 0$

3.정답 ④

수학1	★☆☆☆☆	삼각함수

① $\sin^2\theta = \dfrac{9}{25}$ $\left($단, $\dfrac{3}{2}\pi < x < 2\pi\right)$일 때,

② $\cos\theta + \sin\theta$의 값은?

① $-\dfrac{3}{5}$ ② $-\dfrac{1}{5}$ ③ 0

④ $\dfrac{1}{5}$ ⑤ $\dfrac{3}{5}$

Answer

$\dfrac{3}{2}\pi < x < 2\pi$에서 $\sin\theta < 0$, $\cos\theta > 0$

① $\sin^2\theta = \dfrac{9}{25}$에서 $\sin\theta = -\dfrac{3}{5}$,

$\sin^2\theta + \cos^2\theta = 1$에서 $\cos^2\theta = 1 - \sin^2\theta = \dfrac{16}{25}$

따라서 $\cos\theta = \dfrac{4}{5}$

② $\cos\theta + \sin\theta = \dfrac{4}{5} + \left(-\dfrac{3}{5}\right) = \dfrac{1}{5}$

개념 Review

(i)

$$\begin{array}{c|c}
\sin\theta & \begin{matrix}\sin\theta\\\cos\theta\\\tan\theta\end{matrix}\\\hline
\tan\theta & \cos\theta
\end{array}$$

(ii) $\sin^2\theta + \cos^2\theta = 1$이므로

$\sin\theta = \pm\sqrt{1 - \cos^2\theta}$

$\cos\theta = \pm\sqrt{1 - \sin^2\theta}$

(2) 삼각함수의 성질

① $\sin\left(\dfrac{\pi}{2}\pm\theta\right)=\cos\theta$

② $\cos\left(\dfrac{\pi}{2}\pm\theta\right)=\mp\sin\theta$

③ $\sin(\pi\pm\theta)=\mp\sin\theta$

④ $\cos(\pi\pm\theta)=-\cos\theta$

7. 정답 ④

수학1	★★☆☆☆	삼각함수

① 닫힌구간 $\left[\dfrac{\pi}{6},\,\pi\right]$ 에서 정의된 함수 $f(x)=\sin 2x$ 가 다음을 만족시킨다.

> (가) ② 함수 $f(x)$ 는 $x=a$ 에서 최댓값 b 를 갖는다.
> (나) ③ 방정식 $f(x)=k$ 가 서로 다른 두 실근을 갖도록 하는 양수 k 의 최솟값은 c 이다.

이때, ④ abc 의 값은?

① $\dfrac{1}{16}\pi$ ② $\dfrac{\sqrt{3}}{16}\pi$ ③ $\dfrac{1}{8}\pi$

④ $\dfrac{\sqrt{3}}{8}\pi$ ⑤ $\dfrac{\sqrt{3}}{4}\pi$

Answer

① 함수 $f(x)=\sin 2x$ 의 주기는 $\dfrac{2\pi}{2}=\pi$ 이고 닫힌구간 $\left[\dfrac{\pi}{6},\,\pi\right]$ 에서 그래프를 그려보면 다음과 같다.

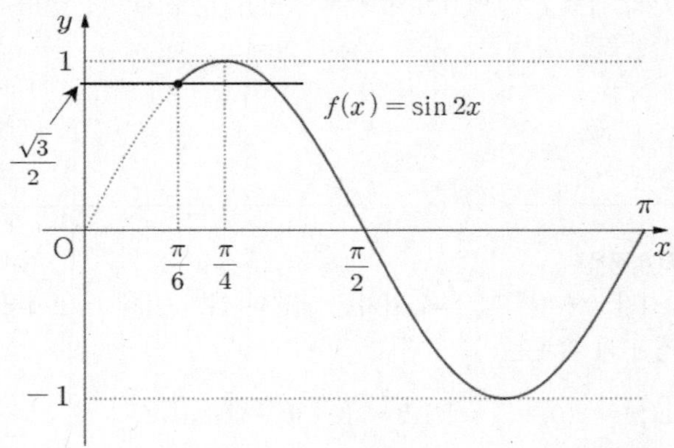

② 함수 $f(x)$ 는 $x=\dfrac{\pi}{4}$ 일 때 최댓값 $f\left(\dfrac{\pi}{4}\right)=\sin\dfrac{\pi}{2}=1$ 을 갖는다.

③ $f(x)=k$ 가 서로 다른 두 실근을 갖도록 하는 양수 k 의 최솟값은 $\dfrac{\sqrt{3}}{2}$ 이다.

④ 따라서 $a=\dfrac{\pi}{4}$, $b=1$, $c=\dfrac{\sqrt{3}}{2}$ 이므로

$$abc=\dfrac{\pi}{4}\times 1\times\dfrac{\sqrt{3}}{2}=\dfrac{\sqrt{3}}{8}\pi \text{ 이다.}$$

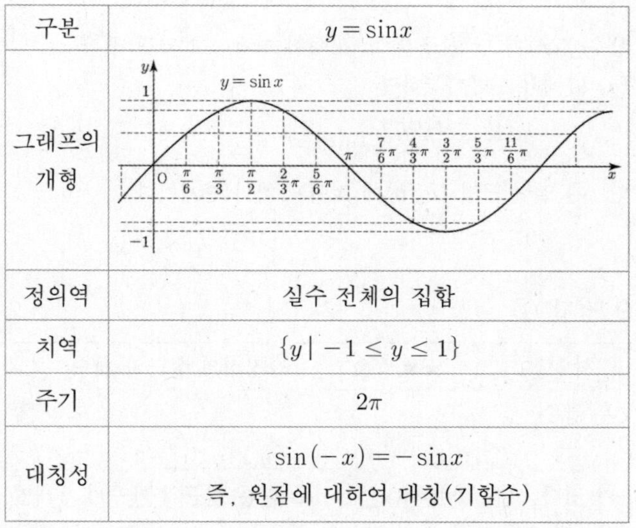

구분	$y=\sin x$
그래프의 개형	
정의역	실수 전체의 집합
치역	$\{y\mid -1\le y\le 1\}$
주기	2π
대칭성	$\sin(-x)=-\sin x$ 즉, 원점에 대하여 대칭(기함수)

(ii) $y=a\sin(bx+c)+d$

최댓값 : $|a|+d$

최솟값 : $-|a|+d$

주기 : $\dfrac{2\pi}{|b|}$

8. 정답 ④

수학2	★★☆☆☆	미분계수

실수 전체의 집합에서 ① 미분가능하고 다음 조건을 만족시키는 모든 함수 $f(x)$ 에 대하여 ④ $f(1)$ 의 최댓값과 최솟값의 합은?

> (가) ③ $f(0)=2$
> (나) ② 모든 실수 x 에 대하여 $|f'(x)|\le 3$ 이다.

① -2 ② 0 ③ 2

④ 4 ⑤ 6

Answer

① 함수 $f(x)$ 는 모든 실수 x 에 대하여 $[0,\,1]$ 에서 연속이고 $(0,\,1)$ 에서 미분가능하므로 평균값의 정리에 의하여

$$\dfrac{f(1)-f(0)}{1-0}=f'(c) \qquad \cdots\cdots\ \text{㉠}$$

를 만족하는 상수 c 가 열린구간 $(0,\,1)$ 에 적어도 하나 존재한다.

② 이때, 조건 (나) 에 의하여

$$-3\le f'(c)\le 3$$

이므로 ㉠에서

$$-3\le\dfrac{f(1)-f(0)}{1-0}=f'(c)\le 3$$

③ 따라서 $-3\le f(1)-2\le 3$, $-1\le f(1)\le 5$ 이므로

④ $f(1)$ 의 최댓값과 최솟값의 합은 $-1+5=4$ 이다.

개념 Review
평균값 정리

함수 $f(x)$가 닫힌 구간 $[a, b]$에서 연속이고 열린 구간
(a, b)에서 미분가능하면

$$\frac{f(b)-f(a)}{b-a}=f'(c)$$

인 c가 열린 구간 (a, b)에 적어도 하나 존재한다.

9. 정답 ①

수학2	★★☆☆☆	방정식의 실근의 개수

두 함수

$$① \; f(x)=x^3-9x+a, \; g(x)=3x^2+1$$

가 있다. ② $f(x)=g(x)$인 서로 다른 실근의 개수가 2개일
때, ③ 모든 실수 a의 값들의 합은?

① 24 ② 26 ③ 28
④ 30 ⑤ 32

Answer

①. ②
$h(x)=f(x)-g(x)$ 라 하면
$h(x)=x^3-3x^2-9x+a-1$
이때 $h(x)=x^3-3x^2-9x+a-1=0$인 서로 다른 실근의 수
가 2개다.

$$h'(x)=3x^2-6x-9$$
$$=3(x+1)(x-3)=0$$

인 $x=-1$ 또는 $x=3$이다.
함수 $h(x)$의 증가와 감소를 표로 나타내면 다음과 같고

x	$\cdots$	-1	$\cdots$	3	$\cdots$
$h'(x)$	$-$	0	$+$	0	$+$
$h(x)$	↗	$a+4$	↘	$a-28$	↗

$h(x)=x^3-3x^2-9x+a-1=0$이 서로 다른 두 실근을
가지려면 다음과 같이 극솟값 $a-28=0$이거나 극댓값
$a+4=0$이어야 한다.

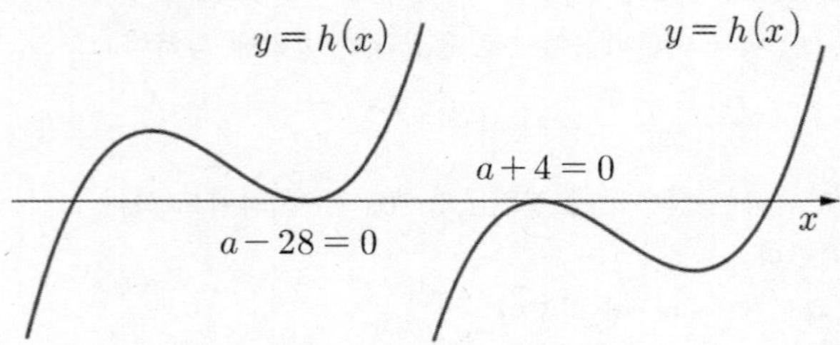

③ 따라서 구하고자 하는 모든 실수 a의 합은
$-4+28=24$이다.

개념 Review
삼차방정식의 실근의 개수
[방법1] 3차 함수가 극댓값과 극솟값을 가질 때 $f(x)=0$이
① 서로 다른 세 실근을 가질 조건
  $\Leftrightarrow$ (극댓값)$\times$(극솟값)<0

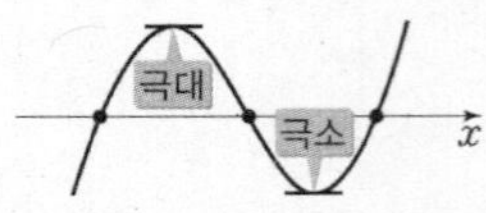

② 중근과 다른 한 실근을 가질 조건
  $\Leftrightarrow$ (극댓값)$\times$(극솟값)$=0$

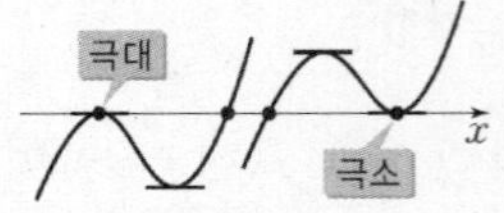

③ 한 실근과 두 허근을 가질 조건
  $\Leftrightarrow$ (극댓값)$\times$(극솟값)>0

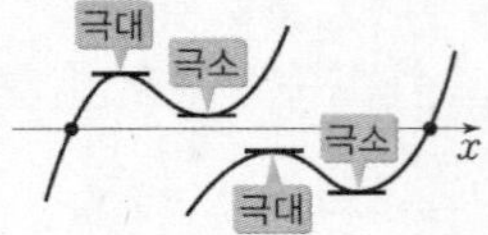

[방법2] 방정식 $f(x)=k$의 실근은 함수 $y=f(x)$의 그래프와
직선 $y=k$의 교점의 x좌표와 같으므로 $y=f(x)$의 그래프를
그린 다음 조건을 만족하도록 직선 $y=k$를 움직인다.

10. 정답 ①

수학2	★★☆☆☆	속도와 거리

① 시각 $t=0$일 때 원점을 출발하여 수직선 위를 움직이는
점 P의 시각 t ($t \geq 0$)에서의 속도 $v(t)$가

$$v(t)=3t^2+2t+a$$

이다. 시각 $t=2$에서의 점 P의 위치가 14일 때, ② 상수 a
의 값은?

① 1 ② 2 ③ 3
④ 4 ⑤ 5

Answer

① 시각 t에서의 점 P의 위치를 $x(t)$라 하면 시각 $t=2$에서의
점 P의 위치는

$$x(2)=x(0)+\int_0^2 v(t)\,dt=\int_0^2 (3t^2+2t+a)\,dt$$

$$=\left[t^3+t^2+at\right]_0^2=12+2a=14$$

② 따라서 $a=1$

개념 Review

수직선 위를 움직이는 점 P의 시각 t에서의 속도가 $v(t)$이고
시각 $t=a$에서 점 P의 위치가 x_0일 때,

시각 t에서 점 P의 위치 x는 $x=x_0+\int_a^t v(t)\,dt$

11. 정답 ⑤

| 수학2 | ★★★☆☆ | 곱의 미분법 |

① 일차함수 $f(x)$와 함수 $g(x)=(x^2+1)f(x)$가 다음 조건을 만족시킨다.

> (가) 모든 실수 x에 대하여 $g(-x)=-g(x)$이다.
> (나)
> ② $\displaystyle\lim_{x\to 1}\frac{f(x)g(x)+f(-x)g(-x)-36}{x-1}=28$

② $f'(1)>0$일 때, ③ $\displaystyle\sum_{n=1}^{5}\{f(n)+g'(n)\}$의 값은?

① 535 ② 540 ③ 545
④ 550 ⑤ 555

Answer

① 조건 (가)에서 함수 $g(x)$가 모든 실수 x에 대하여

$$g(-x)=-g(x)$$이므로

$$(x^2+1)f(-x)=-(x^2+1)f(x)$$
$$f(-x)=-f(x)$$

따라서 일차함수 $f(x)$는

$$f(x)=ax\ (a\neq 0\text{이고},\ a\text{는 상수})$$

라 할 수 있다.

$$h(x)=f(x)g(x)=(x^2+1)\{f(x)\}^2$$
$$=(x^2+1)(ax)^2$$

이라 하면 모든 실수 x에 대하여 $h(-x)=h(x)$이므로

② 조건 (나)에서

$$\lim_{x\to 1}\frac{f(x)g(x)+f(-x)g(-x)-36}{x-1}$$
$$=\lim_{x\to 1}\frac{h(x)+h(-x)-36}{x-1}$$
$$=2\lim_{x\to 1}\frac{h(x)-18}{x-1}=28$$
$$\therefore\ \lim_{x\to 1}\frac{h(x)-18}{x-1}=14 \qquad\cdots\cdots\ \textcircled{\small ㉠}$$

㉠에서 $x\to 1$일 때 (분모) $\to 0$이고, 극한값이 존재하므로 $x\to 1$일 때 (분자) $\to 0$이어야 한다.

즉, $\displaystyle\lim_{x\to 1}h(x)=h(1)=f(1)g(1)=2a^2=18$

에서

$$a^2=9,\ a=3 \qquad\cdots\cdots\ \textcircled{\small ㉡}$$
$$(\because\ f'(1)>0)$$

이므로

$$f(x)=3x,$$
$$g(x)=(x^2+1)f(x)=3x^3+3x$$
$$g'(x)=9x^2+3$$

에서

$$f(x)+g'(x)=9x^2+3x+3$$

이다.

따라서 $\displaystyle\sum_{n=1}^{5}\{f(n)+g'(n)\}$

$$=\sum_{n=1}^{5}(9n^2+3n+3)$$
$$=9\times\left(\frac{5\times 6\times 11}{6}\right)+3\times\frac{5\times 6}{2}+3\times 5=555$$

개념 Review

(1) $f(-x)=f(x)$이면 $f(x)$가 y축에 대하여 대칭인 함수(우함수)이고 $f(-x)=-f(x)$이면 $f(x)$가 원점에 대하여 대칭인 함수(기함수)이다.

(2) 함수 $y=f(x)$의 $x=a$에서의 미분계수는

$$\lim_{x\to a}\frac{f(x)-f(a)}{x-a}$$

의 극한값이 존재할 때, 함수 $f(x)$는 $x=a$에서 미분가능하다고 하고, 이 극한값을 함수 $f(x)$의 $x=a$에서의 순간변화율 또는 미분계수라 하며, 기호로 $f'(a)$와 같이 나타낸다.

(3) 자연수의 합

$$①\ \sum_{k=1}^{n}k=\frac{n(n+1)}{2}$$
$$②\ \sum_{k=1}^{n}k^2=\frac{n(n+1)(2n+1)}{6}$$
$$③\ \sum_{k=1}^{n}k^3=\left\{\frac{n(n+1)}{2}\right\}^2$$

12. 정답 ③

| 수학1 | ★★★☆☆ | 등차수열과 일반항 |

① 공차가 2인 등차수열 $\{a_n\}$이 다음 조건을 만족시킬 때, ③ a_5의 값의 합은?

> ① (가) $a_{21}>0$
> ② (나) $\displaystyle\left|\sum_{k=1}^{6}(a_{k+6})\right|=60+\sum_{k=1}^{5}a_{2k}$

① $\dfrac{50}{11}$ ② $\dfrac{51}{11}$ ③ $\dfrac{52}{11}$
④ $\dfrac{53}{11}$ ⑤ $\dfrac{54}{11}$

Answer

① 등차수열 a_n에 대하여 $a_{21}>0$이므로 $a_1>-40$ 이어야 한다.

② 이때 조건 (나)에서

$$\left|\sum_{k=1}^{6}(a_{k+6})\right|=60+\sum_{k=1}^{5}a_{2k}$$

이므로

$$|a_7+a_8+a_9+a_{10}+a_{11}+a_{12}|$$
$$=a_2+a_4+a_6+a_8+a_{10}+60$$

(i) $a_7+a_8+a_9+a_{10}+a_{11}+a_{12} \geq 0$이면 $a_1 \geq -17$이고
$$4a_1+35\times2=3a_1+9\times2+60$$
$$a_1=8$$
$$a_1=8>-17$$
이므로 $a_1+17 \geq 0$을 만족시킨다.

(ii) $a_1+17<0$일 때,
$$-6a_1-(51\times2)=5a_1+(25\times2)+60$$
$$11a_1=-212$$
$$a_1=-\frac{212}{11}$$
이므로 $a_1+17<0$을 만족시킨다.

③ 따라서
$$a_5=a_1+4\times2=8+8=16$$
$$a_5=a_1+4\times2=-\frac{212}{11}+8=-\frac{124}{11}$$
$$16+(-\frac{124}{11})=\frac{52}{11}$$

개념 Review
(1) 절댓값 기호를 포함한 수열의 합 계산 문제로서
　최근에 자주 등장하는 유형이다. 주어진 조건을
　해석하여 문제를 해결하도록 하자.
(2) 첫째항이 a, 공차가 d인 등차수열 $\{a_n\}$의 일반항
　a_n은 $a_n=a+(n-1)d$

13. 정답 6

① 방정식 $\log_3(x+3)+\log_3(x-3)=3$를 만족시키는 실
수 x의 값을 구하시오.

Answer
① 진수 조건에서 $x+3>0$이고 $x-3>0$이어야 하므로
$$x>3 \qquad\qquad \cdots\cdots ㉠$$
$$\log_3(x+3)+\log_3(x-3)$$
$$=\log_3(x+3)(x-3)$$
$$=\log_3(x^2-9)$$
$$=3$$
에서
$$x^2-9=3^3$$
$$x^2=36 \qquad\qquad \cdots\cdots ㉡$$
㉠, ㉡에서
$$x=6$$

개념 Review
$a \neq 1$, $a>0$, $x>0$, $y>0$
$$\log_a x+\log_a y=\log_a xy$$

14. 정답 1

① 함수 $f(x)=x^4+ax^2+b$는 $x=2$에서 극소이다. ② 함
수 $f(x)$의 극댓값이 9일 때, ③ $a+b$의 값을 구하시오.
(단, a와 b는 상수이다.)

Answer
① $f(x)=x^4+ax^2+b$에서 $f'(x)=4x^3+2ax$
　함수 $f(x)$가 $x=2$에서 극소이므로
　$f'(2)=32+4a=0$에서 $a=-8$
② 즉, $f'(x)=4x^3-16x=4x(x-2)(x+2)$
　이므로 $f'(x)=0$에서 $x=-2$ 또는 $x=0$ 또는 $x=2$
　이고 함수 $f(x)$는 $x=0$에서 극댓값 9를 가지므로
　$f(0)=b=9$
③ 따라서 $a+b=(-8)+9=1$

개념 Review
(1) 미분가능한 함수 $f(x)$가 $x=a$에서 극값 b를 가지면
　① $f'(a)=0$
　② $f(a)=b$
(2) 미분가능한 함수 $f(x)$에 대하여 $f'(a)=0$이고, $x=a$
　의 좌우에서
　① $f'(x)$의 부호가 양$(+)$에서 음$(-)$으로 바뀌면
　$f(x)$는 $x=a$에서 극대이다.
　② $f'(x)$의 부호가 음$(-)$에서 양$(+)$으로 바뀌면
　$f(x)$는 $x=a$에서 극소이다.

15. 정답 2

① $\sum_{k=1}^{10}(2k+a)=130$일 때, ② 상수 a의 값을 구하시오.

Answer
① $\sum_{k=1}^{10}(2k+a)=2\sum_{k=1}^{10}k+10a$
$$=2\times\frac{10\times11}{2}+10a$$
$$=110+10a$$
② 즉, $110+10a=130$이므로
$$10a=20$$
따라서
$$a=2$$

자연수의 거듭제곱의 합

$$\sum_{k=1}^{n} k = 1+2+3+ \cdots +n = \frac{n(n+1)}{2}$$

$$\sum_{k=1}^{n} k^2 = 1^2+2^2+3^2+ \cdots +n^2 = \frac{n(n+1)(2n+1)}{6}$$

$$\sum_{k=1}^{n} k(k+1) = 1 \cdot 2+2 \cdot 3+3 \cdot 4+ \cdots +n(n+1)$$

$$= \frac{n(n+1)(n+2)}{3}$$

16. 정답 1

수학1	★★★☆☆	삼각함수의 그래프

① 곡선 $y = \sin\frac{\pi}{2}x$ $(0 \le x \le 5)$가 직선 $y = k$ $(0 < k < 1)$와 만나는 서로 다른 세 점을 y축에서 가까운 순서대로 A, B, C라 하자. 세 점 A, B, C의 x좌표의 합이 $\frac{13}{2}$일 때, ② 선분 AB의 길이를 구하시오.

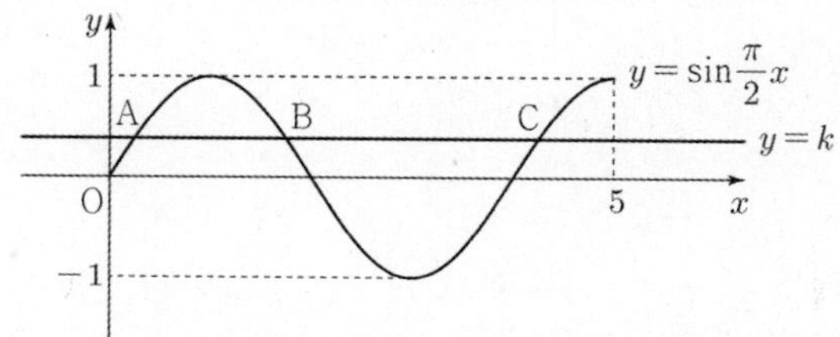

Answer

① 삼각함수 $y = \sin\frac{\pi}{2}x$의 주기가 4이므로

세 점 A, B, C의 x 좌표를 각각

x_1 $(0 < x_1 < 1)$, x_2, x_3이라 하면

$x_2 = 2-x_1$, $x_3 = x_1+4$

$x_1+x_2+x_3 = x_1+(2-x_1)+(x_1+4)$

$$= x_1+6 = \frac{13}{2}$$

에서 $x_1 = \frac{1}{2}$, $x_2 = 2-x_1 = \frac{3}{2}$이다.

② 따라서 $\overline{AB} = x_2-x_1 = 1$

개념 Review

삼각함수 $y = \sin ax$와 $y = \cos ax$의 주기는 모두 $\frac{2\pi}{|a|}$이다.

17. 정답 97

수학2	★★★★☆	함수의 극한의 성질

① 최고차항의 계수가 1이고 다음 조건을 만족시키는 모든 삼차함수 $f(x)$에 대하여 ② $f(4)$의 최댓값이 $p\sqrt{3}+q$일 때, $p+q$의 값을 구하시오. (단, p와 q는 자연수이다.) 〔4점〕

> ① (가) $\lim_{x \to 0} \frac{|f(x)-1|}{x}$ 의 값이 존재한다.
>
> (나) 모든 실수 x에 대하여 $x f(x) \ge -3x^2+x$이다.

Answer

① 조건 (가)에 의하여 $\lim_{x \to 0}|f(x)-1| = 0$이므로

삼차식 $f(x)-1$은 x를 인수로 갖는다.

이차식 $g(x)$에 대하여 $f(x)-1 = x g(x)$라 하자.

$$\lim_{x \to 0+} \frac{|f(x)-1|}{x} = \lim_{x \to 0+} \frac{|x g(x)|}{x}$$

$$= \lim_{x \to 0+} \frac{|x||g(x)|}{x}$$

$$= \lim_{x \to 0+} |g(x)| = |g(0)|$$

$$\lim_{x \to 0-} \frac{|f(x)-1|}{x} = \lim_{x \to 0-} \frac{|x g(x)|}{x}$$

$$= \lim_{x \to 0-} \frac{|x||g(x)|}{x}$$

$$= -\lim_{x \to 0-} |g(x)| = -|g(0)|$$

이차식 $g(x)$도 x를 인수로 가지므로

$f(x)-1 = x^2(x+a)$ (a는 실수)라 하면

$f(x) = x^3+ax^2+1$

$x f(x) \ge -3x^2+x$에서

$x(x^3+ax^2+1) \ge -3x^2+x$

$x^4+ax^3+3x^2 \ge 0$, $x^2(x^2+ax+3) \ge 0$

$x^2 \ge 0$이므로 모든 실수 x에 대하여

$x^2+ax+3 \ge 0$이 성립한다.

이차방정식 $x^2+ax+3 = 0$의 판별식을 D라 하면

$D = a^2-12 \le 0$에서 $-2\sqrt{3} \le a \le 2\sqrt{3}$

② $f(4) = 16a+65$이므로 최댓값은 $a = 2\sqrt{3}$일 때, $32\sqrt{3}+65$이다. 따라서 $p = 32$, $q = 65$이므로

$p+q = 32+65 = 97$

개념 Review

(1) x에 대한 다항함수 $f(x)$에 대하여

$$\lim_{x \to a} \frac{f(x)}{x-a} = k \ (k는 \ 상수)이면 \ f(a) = 0이므로$$

$$f(x) = (x-a)g(x) \ (단, \ g(x)는 \ 다항함수)$$

(2) 모든 실수 x에 대하여 $ax^2+bx+c \ge 0$이려면

$a > 0$, $D \le 0$

수학 영역

<table>
<tr><td colspan="12" align="center">2회 빠른 정답</td></tr>
<tr><td>1</td><td>②</td><td>2</td><td>⑤</td><td>3</td><td>④</td><td>4</td><td>②</td><td>5</td><td>①</td><td>6</td><td>②</td></tr>
<tr><td>7</td><td>①</td><td>8</td><td>③</td><td>9</td><td>①</td><td>10</td><td>②</td><td>11</td><td>⑤</td><td>12</td><td>②</td></tr>
<tr><td>13</td><td>4</td><td>14</td><td>10</td><td>15</td><td>13</td><td>16</td><td>6</td><td>17</td><td>3</td><td></td><td></td></tr>
</table>

1.정답 ②

수학1	★☆☆☆☆	지수

① $\left(\dfrac{2}{2^{\sqrt{2}}}\right)^{1+\sqrt{2}}$ 의 값은?

① $\dfrac{1}{4}$ ② $\dfrac{1}{2}$ ③ 1

④ 2 ⑤ 4

Answer

$$① \left(\frac{2}{2^{\sqrt{2}}}\right)^{1+\sqrt{2}} = \left(2^1 \div 2^{\sqrt{2}}\right)^{1+\sqrt{2}}$$

$$= \left(2^{1-\sqrt{2}}\right)^{1+\sqrt{2}}$$

$$= 2^{(1-\sqrt{2})(1+\sqrt{2})}$$

$$= 2^{-1}$$

$$= \frac{1}{2}$$

개념 Review

$a>0$, $b>0$이고 r, s가 실수일 때,

① $a^r a^s = a^{r+s}$

② $a^r \div a^s = a^{r-s}$

③ $(a^r)^s = a^{rs}$

④ $(ab)^r = a^r b^r$

2.정답 ⑤

수학1	★☆☆☆☆	등비수열의 일반항

① 등비수열 $\{a_n\}$에 대하여 $a_2 = \dfrac{1}{3}$, $a_3 = 1$일 때 ② a_5의 값은?

① 1 ② 3 ③ 5

④ 7 ⑤ 9

Answer

① 등비수열 $\{a_n\}$의 공비를 r라 하면

$$r = \frac{a_3}{a_2} = \frac{1}{\frac{1}{3}} = 3$$

이다.

② 따라서 $a_5 = a_3 \times r^2 = 9$

개념 Review

첫째항이 a_1, 공비가 r인 등비수열 $\{a_n\}$의 일반항 a_n은

$$a_n = a_1 r^{n-1} = a_2 r^{n-2} = \cdots = a_m r^{n-m}$$

3.정답 ④

수학2	★☆☆☆☆	미분계수

함수 ② $f(x) = 2x^3 - 3x^2 + 2$에 대하여

① $\lim\limits_{h\to 0}\dfrac{f(3+h)-f(3)}{h}$ 의 값은?

① 26 ② 30 ③ 34

④ 36 ⑤ 38

Answer

① $\lim\limits_{h\to 0}\dfrac{f(3+h)-f(3)}{h} = f'(3)$

② $f(x) = 2x^3 - 3x^2 + 2$에서 $f'(x) = 6x^2 - 6x$

따라서 $f'(3) = 6 \cdot 3^2 - 6 \cdot 3 = 36$

개념 Review

(i) $x = a$에서의 미분계수 $f'(a)$

$$f'(a) = \lim_{h\to 0}\frac{f(a+h)-f(a)}{h}$$

$$= \lim_{x\to a}\frac{f(x)-f(a)}{x-a}$$

(ii) $f(x) = x^n$일 때, $f'(x) = n x^{n-1}$

4.정답 ②

수학2	★☆☆☆☆	함수의 극한

함수 $y=f(x)$ 의 그래프가 그림과 같다.

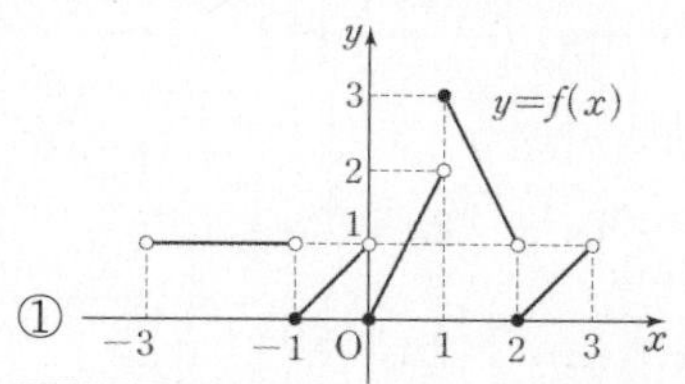

② $\displaystyle\lim_{x\to-1-}f(x)+\lim_{x\to0+}f(x)+f(1)+\lim_{x\to3-}f(x)$ 의 값은?

① 4   ② 5   ③ 6

④ 7   ⑤ 8

Answer

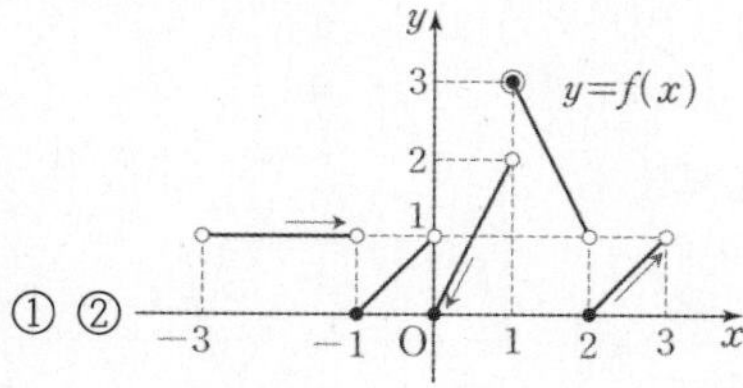

② $\displaystyle\lim_{x\to-1-}f(x)=1$, $\displaystyle\lim_{x\to0+}f(x)=0$, $f(1)=3$, $\displaystyle\lim_{x\to3-}f(x)=1$

따라서

$$\lim_{x\to-1-}f(x)+\lim_{x\to0+}f(x)+f(1)+\lim_{x\to3-}f(x)$$
$$=1+0+3+1=5$$

개념 Review

(1) $f(x)$의 $x=a$에서의 좌극한 :

$\displaystyle\lim_{x\to a-}f(x)=\alpha$ (단, α는 상수)

$f(x)$의 $x=a$에서의 우극한 :

$\displaystyle\lim_{x\to a+}f(x)=\beta$ (단, β는 상수)

$\displaystyle\lim_{x\to a-}f(x)=\lim_{x\to a+}f(x)$일 때, $x=a$에서 함수 $f(x)$의

극한값이 존재한다. 함수 $f(x)$가 α (또는 β)로
수렴한다.

(2)

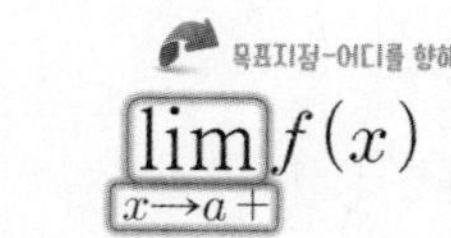

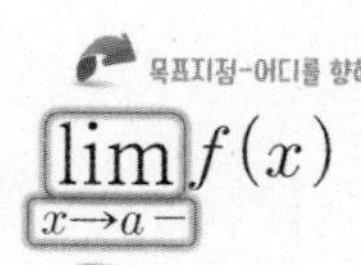

5.정답 ①

수학1	★★☆☆☆	로그부등식

① 부등식 $\log_3(x^2+4x-5)<3$를 만족시키는 모든 자연수 x의 값의 합은?

① 5   ② 6   ③ 7

④ 8   ⑤ 9

Answer

① 진수 조건에 의하여

$x^2+4x-5>0$, $(x+5)(x-1)>0$

이므로 $x<-5$ 또는 $x>1$ …… ㉠

또한, 밑이 1보다 크므로 $\log_3(x^2+4x-5)<3$에서

$x^2+4x-5<3^3$, $x^2+4x-32<0$

$(x+8)(x-4)<0$

이므로 $-8<x<4$ …… ㉡

㉠, ㉡에 의하여 $-8<x<-5$ 또는 $1<x<4$이므로 조건을 만족시키는 모든 자연수 x의 값의 합은 $2+3=5$

개념 Review

(1) 로그부등식의 성질

① $a>1$일 때, $\log_a f(x)<\log_a g(x)$이면

     $f(x)<g(x)$ (부등호 방향 그대로)

② $0<a<1$일 때, $\log_a f(x)<\log_a g(x)$이면 $f(x)>g(x)$

     (부등호 방향 반대로)

(2) 로그방정식에서의 유의사항

     (진수>0, 밑$\neq1$, 밑>0)임을 명심해야 한다.

6.정답 ②

수학1	★☆☆☆☆	삼각함수의 성질

① $0<\theta<\dfrac{\pi}{2}$ 인 θ에 대하여 $\cos\theta=\dfrac{2\sqrt{2}}{3}$일 때,

② $\sin(\pi-\theta)-\cos\left(\dfrac{\pi}{2}+\theta\right)$ 의 값은?

① $\dfrac{1}{3}$ ② $\dfrac{2}{3}$ ③ 1

④ $\dfrac{4}{3}$ ⑤ $\dfrac{5}{3}$

Answer

① $0<\theta<\dfrac{\pi}{2}$이므로

$$\sin\theta=\sqrt{1-\cos^2\theta}=\frac{1}{3}$$

이다.

② 따라서

$$\sin(\pi-\theta)-\cos\left(\frac{\pi}{2}+\theta\right)=\sin\theta-(-\sin\theta)=\sin\theta+\sin\theta$$
$$=2\sin\theta$$
$$=2\times\frac{1}{3}=\frac{2}{3}$$

개념 Review

(1) 삼각함수의 부호

각 사분면에서 삼각함수의 값의 부호가 +인 것을 나타내면 다음과 같다.

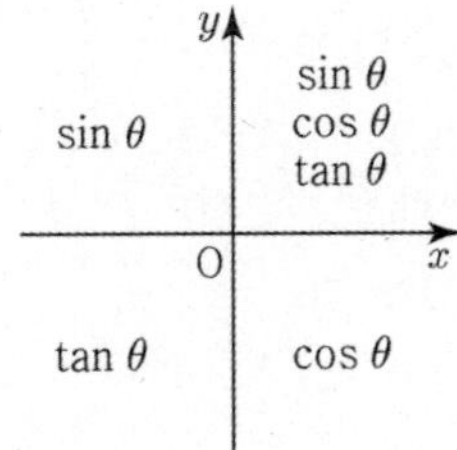

(2) 삼각함수의 성질

① $\sin\left(\dfrac{\pi}{2}\pm\theta\right)=\cos\theta$

② $\cos\left(\dfrac{\pi}{2}\pm\theta\right)=\mp\sin\theta$

③ $\sin(\pi\pm\theta)=\mp\sin\theta$

④ $\cos(\pi\pm\theta)=-\cos\theta$

7. 정답 ①

수학2	★☆☆☆☆	함수의 연속성

상수 a, b에 대하여 함수 $f(x)$가

② $f(x)=\begin{cases} x+a & (x<-2) \\ -2x+1 & (-2\le x<1) \\ bx-2 & (x\ge 1) \end{cases}$

이다. ① 함수 $f(x)$가 실수 전체의 집합에서 연속일 때, ③ $a+b$의 값은?

① 8 　　　　② 9 　　　　③ 10
④ 11 　　　　⑤ 12

Answer

① 함수 $f(x)$가 실수 전체의 집합에서 연속이므로 $x=-2$, $x=1$에서도 연속이어야 한다.

②

(i) 함수 $f(x)$가 $x=-2$에서 연속이므로

$$\lim_{x\to-2-}f(x)=\lim_{x\to-2+}f(x)=f(-2)$$

이어야 한다. 이때

$$\lim_{x\to-2-}f(x)=\lim_{x\to-2-}(x+a)=-2+a$$

$$\lim_{x\to-2+}f(x)=\lim_{x\to-2+}(-2x+1)=5$$

$-2+a=5$ 이므로 $a=7$

(ii) 함수 $f(x)$가 $x=1$에서 연속이므로

$$\lim_{x\to1-}f(x)=\lim_{x\to1+}f(x)=f(1)$$

이어야 한다. 이때

$$\lim_{x\to1-}f(x)=\lim_{x\to1-}(-2x+1)=-1$$

$$\lim_{x\to1+}f(x)=\lim_{x\to1+}(bx-2)=b-2$$

$-1=b-2$이므로 $b=1$

(i), (ii)에 의하여

③ $a+b=7+1=8$

개념 Review

함수 $f(x)$가 $x=a$에서 연속이다.

(i) 함수 $f(x)$가 $x=a$에서 정의되어 있다.

　　(함숫값 존재)

(ii) 극한값 $\lim\limits_{x\to a}f(x)$가 존재한다.

　　(극한값 존재)

(iii) $\lim\limits_{x\to a}f(x)=f(a)$

　　(함숫값과 극한값이 같다.)

위의 (i) (ii) (iii)을 모두 만족할 때, 함수 $y=f(x)$가 $x=a$에서 연속이라고 한다.

8. 정답 ③

수학2	★☆☆☆☆	함수의 극한에 대한 성질

① 다항함수 $f(x)$가

$$\lim_{x\to\infty}\frac{f(x)}{x^2}=2,\ \lim_{x\to2}\frac{f(x)}{x-2}=3$$

을 만족시킬 때, ② $f(3)$의 값은?

① 3 　　　　② 4 　　　　③ 5
④ 6 　　　　⑤ 7

Answer

① $\lim\limits_{x\to\infty}\dfrac{f(x)}{x^2}=2$이므로 $f(x)$는 최고차항의 계수가 2인 이차함수이다.

$\lim\limits_{x\to2}\dfrac{f(x)}{x-2}=4$에서 $\lim\limits_{x\to2}(x-2)=0$이므로

$$\lim_{x\to2}f(x)=0,\ f(2)=0$$

$f(x)=(x-2)(2x+a)$ (a는 상수)라 하면

$$\lim_{x\to2}\frac{(x-2)(2x+a)}{x-2}=4+a=3$$

에서 $a=-1$이므로 $f(x)=(x-2)(2x-1)$ 이다.

② 따라서 $f(3)=5$

개념 Review

미정계수의 결정

① x에 대한 다항함수 $f(x)$에 대하여

$$\lim_{x \to \infty} \frac{f(x)}{a_n x^n + a_{n-1}x^{n-1} + \cdots + a_1 x + a_0} = k$$

(k는 상수)이면

$$f(x) = ka_n x^n + b_{n-1}x^{n-1} + \cdots + b_1 x + b_0$$

② $\lim\limits_{x \to a} \dfrac{f(x)}{g(x)} = \alpha$ ($\alpha \neq 0$인 상수)이고 $\lim\limits_{x \to a} g(x) = 0$이면

$\lim\limits_{x \to a} f(x) = 0$이다.

9. 정답 ①

수학1	★★☆☆☆	수열의 귀납적 정의

수열 $\{a_n\}$이 모든 자연수 n에 대하여

$$① \quad a_{n+1} = \begin{cases} \dfrac{a_n}{2} & (a_n \geq 2) \\ 2a_n - 1 & (a_n < 2) \end{cases}$$

을 만족시킨다 $a_3 = 2$일 때, ② $\sum\limits_{k=1}^{20} a_k$의 최댓값을 M, 최솟값을 m이라 하자. ③ $M+m$의 값은?

① $\dfrac{211}{4}$ 　② $\dfrac{213}{4}$ 　③ $\dfrac{215}{4}$

④ $\dfrac{217}{4}$ 　⑤ $\dfrac{219}{4}$

Answer

① (i) $a_2 \geq 2$일 때, $a_3 = \dfrac{a_2}{2}$이므로 $a_2 = 4$

　㉠ $a_1 \geq 2$일 때, $a_2 = \dfrac{a_1}{2}$이므로 $a_1 = 8$

　㉡ $a_1 < 2$일 때, $a_2 = 2a_1 - 1$이므로 $a_1 = \dfrac{5}{2}$

　　$a_1 \geq 2$이므로 주어진 조건을 만족시키지 못한다.

(ii) $a_2 < 2$일 때, $a_3 = 2a_2 - 1$이므로 $a_2 = \dfrac{3}{2}$

　㉠ $a_1 \geq 2$일 때, $a_2 = \dfrac{a_1}{2}$이므로 $a_1 = 3$

　㉡ $a_1 < 2$일 때, $a_2 = 2a_1 - 1$이므로 $a_1 = \dfrac{5}{4}$

(i), (ii)에서 $a_1 = 8$, $a_2 = 4$ 또는

$a_1 = 3$, $a_2 = \dfrac{3}{2}$ 또는 $a_1 = \dfrac{5}{4}$, $a_2 = \dfrac{3}{2}$

한편, $a_3 = 2$이므로 $a_4 = \dfrac{a_3}{2} = 1$

$a_4 < 2$이므로 $a_5 = 2a_4 - 1 = 1$,

$a_5 < 2$이므로 $a_6 = 2a_5 - 1 = 1$,

$a_6 < 2$이므로 $a_7 = 2a_6 - 1 = 1$,

$$\vdots$$

따라서 $a_{n+1} = a_n$ $(n \geq 4)$

② $a_1 = 8$, $a_2 = 4$일 때, $\sum\limits_{k=1}^{20} a_k$의 값은 최대이므로

$$M = \sum_{k=1}^{20} a_k = 8 + 4 + 2 + \sum_{k=4}^{20} a_k = 31$$

$a_1 = \dfrac{5}{4}$, $a_2 = \dfrac{3}{2}$일 때, $\sum\limits_{k=1}^{20} a_k$의 값은 최소이므로

$$m = \sum_{k=1}^{20} a_k = \frac{5}{4} + \frac{3}{2} + 2 + \sum_{k=4}^{20} a_k = \frac{87}{4}$$

③ 따라서 $M + m = 31 + \dfrac{87}{4} = \dfrac{211}{4}$

개념 Review

수열은 일반항으로 정의하기도 하지만 처음 몇 개의 항과 이웃하는 여러 항 사이의 관계식으로 정의하기도 하는데, 이와 같이 정의하는 것을 수열의 귀납적 정의라고 한다. 수열 $\{a_n\}$을

① 첫째항 a_1

② 두 항 a_n, a_{n+1} ($n = 1, 2, 3, \cdots$) 사이의 관계식

과 같이 귀납적으로 정의할 수 있다. 이때 주어진 관계식에 $n = 1$, $2, 3, \cdots$을 대입하면 수열 $\{a_n\}$의 모든 항을 구할 수 있다.

10. 정답 ②

수학1	★★☆☆☆	삼각함수 그래프의 주기와 최대 최소

두 상수 a, b에 대하여 ① 함수 $f(x) = 4\cos\dfrac{\pi}{2a}x + b$의 주기가 4이고 최솟값이 -1일 때, ② $a+b$의 값은? ① (단, $a > 0$)

① 5 　② 4 　③ 3

④ 2 　⑤ 1

Answer

① 함수 $f(x) = 4\cos\dfrac{\pi}{2a}x + b$의 주기가 4이므로

$$\frac{2\pi}{\left| \dfrac{\pi}{2a} \right|} = 4$$

$a > 0$이므로 $a = 1$

함수 $f(x)$의 최솟값이 -1이므로

$-4 + b = -1$에서 $b = 3$

② 따라서 $a + b = 4$

개념 Review

$y = a\sin bx$, $y = a\cos bx$의 성질

① 최댓값 : $|a|$

② 최솟값 : $-|a|$

③ 주기 : $\dfrac{2\pi}{|b|}$

11. 정답 ⑤

수학2	★★★☆☆	거듭제곱근

① $n \geq 2$인 자연수 n에 대하여 n^2-5n의 n제곱근 중에서 실수인 것의 개수를 $f(n)$이라 할 때,

② $f(2)+f(3)+f(4)+f(5)+f(6)+f(7)$의 값은?

① 1 ② 2 ③ 3
④ 4 ⑤ 5

Answer

① $n^2-5n=n(n-5)$에서 $n=2$, 3, 4일 때,

$n^2-5n<0$이다.

$n=2$일 때 $f(2)=0$

$n=3$일 때 $f(3)=1$

$n=4$일 때 $f(4)=0$

$n=5$일 때 $f(5)=1$

$n=6$일 때 $n^2-5n>0$이므로 $f(6)=2$

$n=7$일 때 $f(7)=1$

따라서

② $f(2)+f(3)+f(4)+f(5)+f(6)+f(7)=1+1+2+1=5$

개념 Review

a의 실수인 n 제곱근

구분	$a>0$	$a=0$	$a<0$
n이 짝수	$\sqrt[n]{a}$, $-\sqrt[n]{a}$	0	없다.
n이 홀수	$\sqrt[n]{a}$	0	$\sqrt[n]{a}$

12. 정답 ②

수학1	★★★☆☆	귀납적으로 정의된 수열

① 첫째항이 $\frac{1}{2}$인 수열 $\{a_n\}$이 모든 자연수 n에 대하여

$$a_{n+1}=\begin{cases} a_n+1 & (a_n<0) \\ -2a_n+1 & (a_n \geq 0) \end{cases}$$

일 때, ② $a_{20}+a_{31}$의 값은?

① -2 ② -1 ③ 0
④ 1 ⑤ 2

Answer

① $a_1=\frac{1}{2} \geq 0$이므로

$a_2=-2 \times \frac{1}{2}+1=0 \geq 0$

$a_3=-2 \times 0+1=1 \geq 0$

$a_4=-2 \times 1+1=-1 < 0$

$a_5=-1+1=0 \geq 0$

$\vdots$

이다.

② 이때, $a_{n+3}=a_n$ $(n \geq 2)$이므로

$a_{20}=a_{17}=a_{14}=\cdots=a_2=0$

$a_{31}=a_{28}=a_{25}=\cdots=a_4=-1$이다.

따라서 $a_{20}+a_{31}=0+(-1)=-1$

개념 Review

(ⅰ) 수열 $\{a_n\}$에 대하여 $a_{n+p}=a_n$이면

$a_{n+kp}=a_n$ (단, k는 자연수)

(ⅱ) 수열은 일반항으로 정의하기도 하지만 처음 몇 개의 항과 이웃하는 여러 항 사이의 관계식으로 정의하기도 하는데, 이와 같이 정의하는 것을 수열의 귀납적 정의라고 한다. 수열 $\{a_n\}$을

① 첫째항 a_1

② 두 항 a_n, a_{n+1} $(n=1, 2, 3, \cdots)$ 사이의 관계식

과 같이 귀납적으로 정의할 수 있다. 이때 ②의 관계식에 $n=1$, 2, 3, $\cdots$을 대입하면 수열 $\{a_n\}$의 모든 항을 구할 수 있다.

13. 정답 4

수학1	★☆☆☆☆	로그의 성질

① $\log_2 48+\log_{\frac{1}{8}} 27$의 값을 구하시오.

Answer

① $\log_2 48+\log_{\frac{1}{8}} 27=\log_2 48+\dfrac{\log_2 3^3}{\log_2 2^{-3}}$

$=\log_2(2^4 \times 3)-\log_2 3$

$=\log_2 2^4$

$=4$

개념 Review

(1) 로그의 성질

$a>0$, $a \neq 1$, $M>0$, $N>0$일 때,

① $\log_a \dfrac{M}{N}=\log_a M-\log_a N$

② $\log_a M^k=k\log_a M$ (k는 실수)

(2) 밑 변환 공식

$a > 0$, $a \neq 1$, $b > 0$, $c > 0$, $c \neq 1$일 때,

$$\log_a b = \frac{\log_c b}{\log_c a}$$

14.정답 10

수학2	★☆☆☆☆	부정적분

함수 $f(x)$에 대하여 ① $f'(x) = 4x^3 - 3x^2$이고
② $f(0) = 2$일 때, ③ $f(2)$의 값을 구하시오.

Answer

① $f(x) = \displaystyle\int (4x^3 - 3x^2)\,dx$

$= x^4 - x^3 + C$ (단, C는 적분상수)

② $f(0) = C = 2$

따라서 $f(x) = x^4 - x^3 + 2$

③ $f(2) = 2^4 - 2^3 + 2 = 10$

개념 Review

다항함수의 부정적분

① $y = x^n$ (n은 양의 정수)이면

$$\int x^n dx = \frac{1}{n+1} x^{n+1} + C \ (\text{단, } C\text{는 적분상수})$$

② $y = 1$이면 $\displaystyle\int 1\,dx = x + C$ (단, C는 적분상수)

15.정답 13

수학2	★☆☆☆☆	부정적분

① 함수 $f(x)$에 대하여 $f'(x) = 4x^3 - 3x^2 + 1$이고
$f(0) = 3$일 때, ② $f(2)$의 값을 구하시오.

Answer

①

$f(x) = \displaystyle\int f'(x)\,dx = \int (4x^3 - 3x^2 + 1)\,dx$

$= x^4 - x^3 + x + C$ (단, C는 적분상수)

이때 $f(0) = 3$에서 $C = 3$이므로

$f(x) = x^4 - x^3 + x + 3$

이다.

② 따라서 $f(2) = 16 - 8 + 2 + 3 = 13$

개념 Review

다항함수의 부정적분

① $y = x^n$ (n은 양의 정수)이면

$$\int x^n dx = \frac{1}{n+1} x^{n+1} + C \ (\text{단, } C\text{는 적분상수})$$

② $y = 1$이면

$$\int 1\,dx = x + C \ (\text{단, } C\text{는 적분상수})$$

16.정답 6

수학1	★★★★☆	삼각부등식

① $0 \leq x < 2\pi$에서 x에 대한 부등식

$$(2a+5)\sin x - a\cos^2 x + a + 10 < 0$$

의 해가 존재하도록 하는 ② 자연수 a의 최솟값을 구하시오.

Answer

① $(2a+5)\sin x - a\cos^2 x + a + 10 < 0$

$(2a+5)\sin x - a(1 - \sin^2 x) + a + 10 < 0$

$a\sin^2 x + (2a+5)\sin x + 10 < 0$

$(a\sin x + 5)(\sin x + 2) < 0$에서

$\sin x + 2 > 0$이므로 $a\sin x + 5 < 0$

$a > 0$이므로 $\sin x < -\dfrac{5}{a}$

$0 \leq x < 2\pi$에서 부등식 $\sin x < -\dfrac{5}{a}$의 해가

존재하기 위해서는 $-\dfrac{5}{a} > -1$이어야 한다.

② 따라서 $a > 5$이며 자연수 a의 최솟값은 6

개념 Review

$-1 \leq \sin x \leq 1$이므로 $\sin x + 2 > 0$이다.
따라서 $(a\sin x + 5)(\sin x + 2) < 0$의 양변을
$\sin x + 2$로 나누어도 부등호의 방향은 바뀌지 않는다.

17.정답 3

수학2	★★★☆☆	정적분의 성질

① 최고차항의 계수가 1인 삼차함수 $f(x)$가

$$\int_0^2 f(x)\,dx = \int_0^3 f(x)\,dx = 0$$

을 만족시킬 때, ② $f'(3)$의 값을 구하시오.

Answer

① $\displaystyle\int_0^2 f(x)\,dx = \int_0^3 f(x)\,dx = 0$

$f(2) - f(0) = f(3) - f(0) = 0$에서
$f(0) = f(2) = f(3) = k$ (k는 상수)라 하면
$f(x) = x(x-2)(x-3) + k = x^3 - 5x^2 + 6x + k$
이다.

② 따라서 $f'(x) = 3x^2 - 10x + 6$이므로

$f'(3) = 3 \times 3^2 - 10 \times 3 + 6 = 3$

개념 Review

닫힌구간 $[a, b]$에서 연속인 함수 $f(x)$의 한 부정적분을
$F(x)$라 할 때,

$$\int_a^b f(x)\,dx = \Big[F(x) \Big]_a^b = F(b) - F(a)$$

수학 영역

<table>
<tr><td colspan="12" align="center">3회 빠른 정답</td></tr>
<tr><td>1</td><td>⑤</td><td>2</td><td>⑤</td><td>3</td><td>①</td><td>4</td><td>①</td><td>5</td><td>②</td><td>6</td><td>③</td></tr>
<tr><td>7</td><td>①</td><td>8</td><td>④</td><td>9</td><td>④</td><td>10</td><td>⑤</td><td>11</td><td>⑤</td><td>12</td><td>④</td></tr>
<tr><td>13</td><td>2</td><td>14</td><td>215</td><td>15</td><td>4</td><td>16</td><td>50</td><td>17</td><td>6</td><td></td><td></td></tr>
</table>

1. 정답 ⑤

수학1	★☆☆☆☆	지수법칙

① $\sqrt{32}\times 4^{\frac{1}{4}}$ 의 값은?

① 2   ② $2\sqrt{2}$ ③ 4

④ $4\sqrt{2}$ ⑤ 8

Answer

$$① \ \sqrt{32}\times 4^{\frac{1}{4}}=2^{\frac{5}{2}}\times\left(2^2\right)^{\frac{1}{4}}=2^{\frac{5}{2}}\times 2^{\frac{1}{2}}=2^{\frac{5}{2}+\frac{1}{2}}=8$$

개념 Review

$a>0$, $b>0$이고 r, s가 유리수일 때,

① $a^r a^s = a^{r+s}$

② $a^r \div a^s = a^{r-s}$

③ $(a^r)^s = a^{rs}$

④ $(ab)^r = a^r b^r$

2. 정답 ⑤

수학2	★☆☆☆☆	미분계수

① 함수 $f(x)=x^3+3x+2$에 대하여 $\displaystyle\lim_{h\to 0}\frac{f(2+h)-f(2)}{h}$ 의 값은?

① 11   ② 12   ③ 13

④ 14   ⑤ 15

Answer

① $f(x)=x^3+3x+2$에서 $f'(x)=3x^2+3$이므로

$$\lim_{h\to 0}\frac{f(2+h)-f(2)}{h}=f'(2)=3\times 2^2+3=15$$

개념 Review

$x=a$에서 연속인 함수 $f(x)$에 대하여

$\displaystyle\lim_{x\to a}\frac{f(x)-f(a)}{x-a}$ 또는 $\displaystyle\lim_{h\to 0}\frac{f(a+h)-f(a)}{h}$ 의 극한값이 존재할 때, 함수 $f(x)$는 $x=a$에서 미분가능하다고 하고, 이 극한값을 함수 $f(x)$의 $x=a$에서의 순간변화율 또는 미분계수라 하며, 기호로 $f'(a)$와 같이 나타낸다.

3. 정답 ①

수학1	★☆☆☆☆	등비수열

① 공비가 양수인 등비수열 $\{a_n\}$이

$$a_2+a_3=30, \quad a_3+a_4=\frac{15}{2}$$

를 만족시킬 때, ② a_1의 값은?

① 96   ② 80   ③ 72

④ 64   ⑤ 56

Answer

① 등비수열 $\{a_n\}$의 공비를 $r(r>0)$이라 하자.

$$a_2+a_3=30 \qquad\qquad \cdots\cdots ㉠$$

$$a_3+a_4=r(a_2+a_3)=\frac{15}{2} \qquad\qquad \cdots\cdots ㉡$$

㉠을 ㉡에 대입하면

$$r\times 30=\frac{15}{2}, \qquad r=\frac{1}{4}$$

㉠에서

$$a_1 r + a_1 r^2 = 30, \quad a_1\times\frac{1}{4}+a_1\times\left(\frac{1}{4}\right)^2=30$$

$$a_1\times\frac{5}{16}=30$$

② 따라서 $a_1=30\times\dfrac{16}{5}=96$

개념 Review

첫째항이 a_1, 공비가 r인 등비수열 $\{a_n\}$의 일반항 a_n은

$$a_n=a_1 r^{n-1}=a_2 r^{n-2}=\cdots=a_m r^{n-m}$$

4.정답 ①

| 수학2 | ★☆☆☆☆ | 좌극한과 우극한 |

함수 $y=f(x)$의 그래프가 그림과 같다.

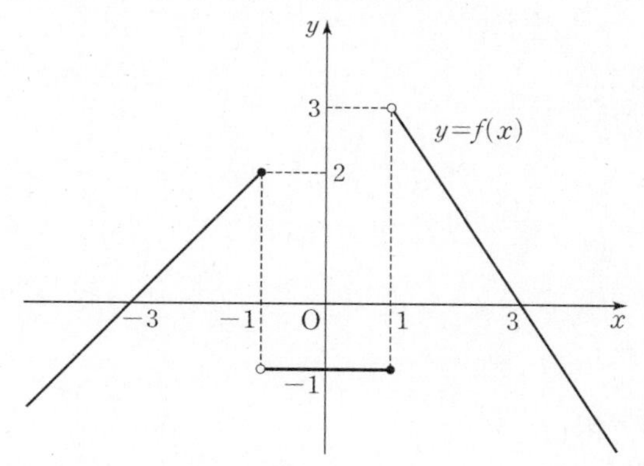

① $\displaystyle\lim_{x\to -1+}f(x)+\lim_{x\to 1+}f(x)$의 값은?

① 2　　　　② 3　　　　③ 4
④ 5　　　　⑤ 6

Answer

① $\displaystyle\lim_{x\to -1+}f(x)+\lim_{x\to 1+}f(x)=-1+3=2$

개념 Review

좌극한 : 함수 $f(x)$에서 x가 a보다 작은 값을 가지면서 a에 한없이 가까워질 때 $f(x)$의 값이 일정한 값 α에 한없이 가까워지면 $\displaystyle\lim_{x\to a-}f(x)=\alpha$로 나타내고, 이때 α를 $f(x)$의 좌극한 또는 좌극한값이라고 한다.

우극한 : 함수 $f(x)$에서 x가 a보다 큰 값을 가지면서 a에 한없이 가까워질 때 $f(x)$의 값이 일정한 값 β에 한없이 가까워지면 $\displaystyle\lim_{x\to a+}f(x)=\beta$로 나타내고, 이때 β를 $f(x)$의 우극한 또는 우극한값이라고 한다.

5.정답 ②

| 수학1 | ★★☆☆☆ | 삼각함수의 성질 |

① $0<\theta<\dfrac{1}{2}\pi$인 θ에 대하여 $\sin\theta\tan\theta=\dfrac{3}{2}$일 때,

② $\sin\theta+\tan\theta$의 값은?

① $\dfrac{5\sqrt{3}}{6}$　　　② $\dfrac{3\sqrt{3}}{2}$　　　③ $\dfrac{\sqrt{3}}{2}$

④ $\dfrac{\sqrt{3}}{3}$　　　⑤ $\dfrac{\sqrt{3}}{6}$

Answer

① $\sin\theta\tan\theta=\sin\theta\times\dfrac{\sin\theta}{\cos\theta}=\dfrac{\sin^2\theta}{\cos\theta}=\dfrac{1-\cos^2\theta}{\cos\theta}=\dfrac{3}{2}$

$0<\theta<\dfrac{1}{2}\pi$이므로 $\cos\theta=\dfrac{1}{2}$

② 따라서 $\sin\theta+\tan\theta=\dfrac{\sqrt{3}}{2}+(\sqrt{3})=\dfrac{3\sqrt{3}}{2}$

개념 Review

각 사분면에서 삼각함수의 값의 부호가 +인 것을 나타내면 다음과 같고 $\tan\theta=\dfrac{\sin\theta}{\cos\theta}$이다.

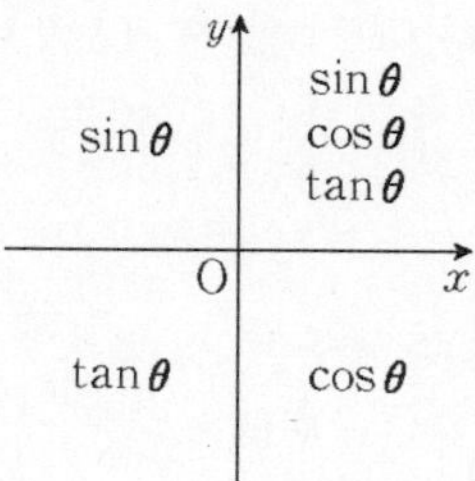

6.정답 ③

| 수학2 | ★☆☆☆☆ | 함수의 극값을 가질 조건 |

① 함수 $f(x)=x^3+ax^2+bx+c$가 $x=-2$에서 극댓값 10을 갖고 $x=2$에서 극솟값을 가질 때, ② $f(1)$의 값은? (단, a, b, c는 상수이다.)

① -19　　　② -18　　　③ -17
④ -16　　　⑤ -15

Answer

① $f(x)=x^3+ax^2+bx+c$에서 $f'(x)=3x^2+2ax+b$이고 $x=-2$에서 극대, $x=2$에서 극소이므로 이차방정식 $3x^2+2ax+b=0$의 서로 다른 두 실근은 -2, 2이다. 이차방정식의 근과 계수의 관계에 의하여

$$-2+2=-\dfrac{2a}{3},\quad -2\times 2=\dfrac{b}{3}$$

이므로 $a=0$, $b=-12$가 된다.

또한, 함수 $f(x)$가 $x=-2$에서 극댓값이 10이므로

$f(-2)=-8+4a-2b+c=-8+24+c=10$

이므로 $c=-6$

② 따라서 $f(x)=x^3-12x-6$이므로

$f(1)=1-12-6=-17$

개념 Review

미분가능한 함수 $y=f(x)$가 $x=a$에서 극값 b를 가지면
　① $f'(a)=0$
　② $f(a)=b$

7. 정답 ①

① 이차함수 $f(x)$가

$$\lim_{x \to 3} \frac{f(x)}{x^2-9}=4, \quad \lim_{x \to 1+} \frac{|x-1|}{f(x)}=-\frac{1}{12}$$

을 만족시킬 때, ② $f(2)$의 값은?

① -12 ② 12 ③ -24

④ 24 ⑤ -36

Answer

① $\lim\limits_{x \to 3} \dfrac{f(x)}{x^2-9}=4$에서 $x \to 3$일 때, (분모) $\to 0$이므로

(분자) $\to 0$이어야 한다.

  즉, $\lim\limits_{x \to 3} f(x)=f(3)=0$이므로 $f(x)=k(x-3)(x-\alpha)$

($k \neq 0$, α는 상수)로 놓을 수 있다.

$$\lim_{x \to 3} \frac{f(x)}{x^2-9}=\lim_{x \to 3} \frac{k(x-3)(x-\alpha)}{x^2-9}=\lim_{x \to 3} \frac{k(x-\alpha)}{x+3}$$

$$=\frac{k(3-\alpha)}{6}=4$$

에서

$$k(3-\alpha)=24 \qquad\qquad \cdots\cdots\;\bigcirc$$

이고

$\lim\limits_{x \to 1+} \dfrac{|x-1|}{f(x)}=-\dfrac{1}{12}$에서 $x \to 1+$일 때, (분자) $\to 0$이고

0이 아닌 극한값이 존재하므로 (분모) $\to 0$이어야 한다.

  즉, $\lim\limits_{x \to 1+} f(x)=f(1)=0$이므로

$$k \times (-2) \times (1-\alpha)=0 \qquad\qquad \cdots\cdots\;\bigcirc\!\bigcirc$$

  $\bigcirc$, $\bigcirc\!\bigcirc$에 의하여 $k \neq 0$이므로 $\alpha=1$, $k=12$

② 따라서 $f(x)=12(x-1)(x-3)$이므로

$$f(2)=12 \times (-1)=-12$$

개념 Review

미정계수의 결정

① $\lim\limits_{x \to a} \dfrac{f(x)}{g(x)}=\alpha$ (α는 상수)이고 $\lim\limits_{x \to a} g(x)=0$이면

$\lim\limits_{x \to a} f(x)=0$이다.

② $\lim\limits_{x \to a} \dfrac{f(x)}{g(x)}=\alpha$ ($\alpha \neq 0$인 상수)이고 $\lim\limits_{x \to a} f(x)=0$이면

$\lim\limits_{x \to a} g(x)=0$이다.

8. 정답 ④

① 닫힌구간 $[0, \pi]$에서 정의된 함수 $f(x)=\sin 2x$가 $x=a$에서 최댓값을 갖고 $x=b$에서 최솟값을 갖는다. ② 곡선 $y=f(x)$ 위의 두 점 $(a, f(a))$, $(b, f(b))$를 지나는 직선의 기울기는?

① $-\dfrac{1}{\pi}$ ② $-\dfrac{2}{\pi}$ ③ $-\dfrac{3}{\pi}$

④ $-\dfrac{4}{\pi}$ ⑤ $-\dfrac{5}{\pi}$

Answer

① 함수 $f(x)=\sin 2x$의 주기는 $\dfrac{2\pi}{2}=\pi$이므로

함수 $f(x)$의 그래프는 다음과 같다.

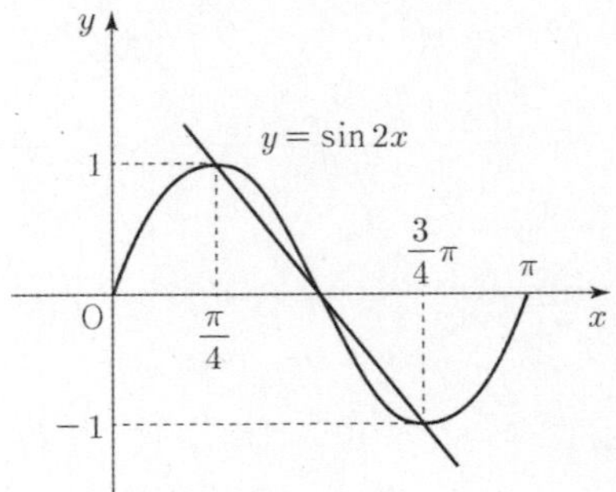

이때, 함수 $f(x)$는 $x=\dfrac{1}{4}\pi$일 때 최댓값

$$f\!\left(\frac{1}{4}\pi\right)=\sin\frac{1}{2}\pi=1을\ 갖고$$

$x=\dfrac{3\pi}{4}$일 때 최솟값

$$f\!\left(\frac{3\pi}{4}\right)=\sin\frac{3\pi}{2}=-1$$

을 갖는다.

② 따라서 $a=\dfrac{1}{4}\pi$, $b=\dfrac{3\pi}{4}$이므로 두 점

$\left(\dfrac{1}{4}\pi,\ 1\right)$, $\left(\dfrac{3\pi}{4},\ -1\right)$을 지나는 직선의 기울기는

$$\frac{1-(-1)}{\dfrac{1}{4}\pi-\dfrac{3\pi}{4}}=-\frac{4}{\pi}$$

개념 Review

(1) $y=a\sin bx$, $y=a\cos bx$의 성질

   ① 최댓값 : $|a|$

   ② 최솟값 : $-|a|$

   ③ 주기 : $\dfrac{2\pi}{|b|}$

(2) 서로 다른 두 점 $A(x_1, y_1)$, $B(x_2, y_2)$를 지나는 직선의 기울기는

$$\frac{y_2-y_1}{x_2-x_1} \quad (단,\ x_1 \neq x_2)$$

9. 정답 ④

수학2	★★★☆☆	정적분의 활용(넓이)

① 함수 $f(x)=-2x^3+6x^2$의 그래프와 직선 $y=a\ (a>0)$가 서로 다른 두 점에서 만날 때, ② 곡선 $y=f(x)$와 x축으로 둘러싸인 부분의 넓이와 a의 합은?

① $\dfrac{37}{2}$ ② $\dfrac{39}{2}$ ③ $\dfrac{41}{2}$

④ $\dfrac{43}{2}$ ⑤ $\dfrac{45}{2}$

Answer

① $f'(x)=-6x(x-2)$

$f'(x)=0$에서 $x=0$ 또는 $x=2$

함수 $f(x)$는 $x=0$에서 극솟값 0을 갖고, $x=2$에서 극댓값 8을 갖는다.

함수 $f(x)=-2x^3+6x^2$의 그래프와 직선 $y=a\ (a>0)$이 서로 다른 두 점에서 만나므로 $a=8$이다.

② $f(x)=0$에서

$-2x^2(x-3)=0$

$x=0$ 또는 $x=3$ 이다.

따라서 구하는 넓이는

$$\int_0^3 \{(-2x^3+6x^2)\}\,dx$$

$$=\left[-\frac{1}{2}x^4+2x^3\right]_0^3=\left(-\frac{81}{2}\right)+54=\frac{27}{2}$$

$$a+\text{넓이}=8+\frac{27}{2}=\frac{43}{2}$$

개념 Review

두 함수 $f(x)$, $g(x)$가 닫힌구간 $[a,\ b]$에서 연속일 때, 두 곡선 $y=f(x)$, $y=g(x)$ 및 두 직선 $x=a$, $x=b$로 둘러싸인 도형의 넓이 S는

$$S=\int_a^b |f(x)-g(x)|\,dx$$

10. 정답 ⑤

수학1	★★★☆☆	로그함수

$a>\dfrac{1}{2}$인 실수 a에 대하여 두 곡선

$$y=-\log_3(-x),\ y=\log_3(x+4a)$$

가 만나는 두 점을 A, B라 하자. ① 선분 AB의 중점이 직선 $24x+3y+40=0$ 위에 있을 때, ② 선분 AB의 길이③는? 〔4점〕

① 2 ② $\dfrac{7}{3}$ ③ $\dfrac{8}{3}$ ④ 3 ⑤ $\dfrac{10}{3}$

Answer

① 두 점 A, B의 좌표를 각각 $(x_1,\ y_1)$, $(x_2,\ y_2)$라 하자.

$-\log_3(-x)=\log_3(x+4a)$에서

$$\log_3(x+4a)+\log_3(-x)=0$$

$$\log_3\{-x(x+4a)\}=0$$

$$-x(x+4a)=1$$

$$x^2+4ax+1=0 \qquad\cdots\cdots\ \text{㉠}$$

이차방정식 ㉠의 두 실근이 x_1, x_2이므로 근과 계수의 관계에 의하여

$x_1+x_2=-4a$, $x_1x_2=1$이다.

이때

$$y_1+y_2=-\log_3(-x_1)-\log_3(-x_2)$$

$$=-\log_3 x_1x_2$$

$$=-\log_3 1=0$$

이므로 선분 AB의 중점의 좌표는 $(-2a,\ 0)$이다.

② 선분 AB의 중점이 직선 $24x+3y+40=0$ 위에 있으므로

$-48a+40=0$에서 $a=\dfrac{5}{6}$

$a=\dfrac{5}{6}$를 ㉠에 대입하면

$$x^2+\frac{10}{3}x+1=0,\ 3x^2+10x+3=0$$

$$(x+3)(3x+1)=0$$

$$x=-3 \text{ 또는 } x=-\frac{1}{3}$$

③ 따라서 두 교점의 좌표는 $(-3,\ -1)$, $\left(-\dfrac{1}{3},\ 1\right)$이므로

$$\overline{\text{AB}}=\sqrt{\left(\frac{8}{3}\right)^2+(2)^2}=\frac{10}{3}$$

개념 Review

(1) 근과 계수와의 관계

이차방정식 $ax^2+bx+c=0$의 두 근을 α, β라 하면

① $\alpha+\beta=-\dfrac{b}{a}$

② $\alpha\beta=\dfrac{c}{a}$

③ $|\beta-\alpha|=\dfrac{D}{a}=\dfrac{\sqrt{b^2-4ac}}{a}$

(2) 좌표평면 위의 두 점 $A(x_1,\ y_1)$, $B(x_2,\ y_2)$에 대하여 선분 AB의 중점 M의 좌표는

$$\left(\frac{x_1+x_2}{2},\ \frac{y_1+y_2}{2}\right)$$

11.정답 ⑤

① 두 정수 a, b에 대하여 실수 전체의 집합에서 연속인 함수 $f(x)$가 다음 조건을 만족시킨다.

> (가) $0 \leq x < 3$에서 $f(x) = ax^2 + bx - 24$이다.
> (나) 모든 실수 x에 대하여 $f(x+3) = f(x)$이다.

② $1 < x < 6$일 때, 방정식 $f(x) = 0$의 서로 다른 실근의 개수가 4이다. ③ $a+b$의 값은?

① 14　　　　② 16　　　　③ 18
④ 20　　　　⑤ 22

Answer

① 함수 $f(x)$가 실수 전체의 집합에서 연속이므로 조건 (가)와 (나)에 의하여

$f(3) = \lim\limits_{x \to 3-} f(x) = 9a + 3b - 24$이고

$f(0) = f(3)$이므로

$-24 = 9a + 3b - 24$, 즉 $b = -3a$　　　　$\cdots\cdots$ ㉠

$0 \leq x < 3$에서 $f(x) = a\left(x - \dfrac{3}{2}\right)^2 - \dfrac{9}{4}a - 24$이므로

함수 $y = f(x)$의 그래프는 직선 $x = \dfrac{3}{2}$에 대하여 대칭이다.

② 모든 실수 x에 대하여 $f(x+3) = f(x)$이므로

$1 < x < \dfrac{3}{2}$일 때 방정식 $f(x) = 0$이 실근을 갖지 않으면

$1 < x < 6$일 때 방정식 $f(x) = 0$의 서로 다른 실근의 개수가 3 이하이다.

$1 < x < \dfrac{3}{2}$일 때 방정식 $f(x) = 0$이 실근을 1개 가지면

$1 < x < 6$일 때 방정식 $f(x) = 0$의 서로 다른 실근의 개수가 4이다.

함수 $f(x)$는 닫힌구간 $[1, 2]$에서 연속이므로 $1 < x < \dfrac{3}{2}$에서 실근을 갖기 위해서는

$f(1) f\left(\dfrac{3}{2}\right) = (-2a - 24)\left(-\dfrac{9}{4}a - 24\right)$

$= \dfrac{3}{2}(a + 12)(3a + 32) < 0$

을 만족시켜야 한다.

위의 부등식에서 $-12 < a < -\dfrac{32}{3}$이므로 $a = -11$

㉠에 대입하면 $b = 33$

③ 따라서 $a + b = -11 + 33 = 22$

개념 Review

(1) $f(x+p) = f(x)$이면 $y = f(x)$는 주기가 p인 주기함수이다.

(2) 이차방정식 $ax^2 + bx + c = 0$에 대하여

$f(x) = ax^2 + bx + c$라 하면 근이 p보다 크고 q보다 작을 조건

$\Rightarrow f(p)f(q) < 0$

12.정답 ④

수열 $\{a_n\}$이 다음 조건을 만족시킨다.

> ① (가) $1 \leq n \leq 3$인 모든 자연수 n에 대하여
> $a_n + a_{n+3} = 15$이다.
> ② (나) $n \geq 5$인 모든 자연수 n에 대하여
> $a_{n+1} - a_n = n$이다.

① $\sum\limits_{n=1}^{4} a_n = 6$일 때, ③ a_5의 값은?

① 11　　　　② 13　　　　③ 15
④ 17　　　　⑤ 19

Answer

① 조건 (가)에 의하여

$$\sum_{n=1}^{6} a_n = (a_1 + a_4) + (a_2 + a_5) + (a_3 + a_6)$$

$$= 15 \times 3 = 45$$

이고

$$\sum_{n=1}^{4} a_n = 6$$이므로 $$\sum_{n=5}^{6} a_n = 39$$이다.

② 조건 (나)에 의하여

$a_6 = a_5 + 5$,

③ 따라서 $\sum\limits_{n=5}^{6} a_n = 2a_5 + 5 = 39$에서 $a_5 = 17$

개념 Review

수열은 일반항으로 정의하기도 하지만 처음 몇 개의 항과 이웃하는 여러 항 사이의 관계식으로 정의하기도 하는데, 이와 같이 정의하는 것을 수열의 귀납적 정의라고 한다. 수열 $\{a_n\}$을

① 첫째항 a_1

② 두 항 a_n, a_{n+1} ($n = 1, 2, 3, \cdots$) 사이의 관계식

과 같이 귀납적으로 정의할 수 있다.

13.정답 2

① $\lim\limits_{x \to \infty} \dfrac{6x^2 + 1}{3x^2 + 7x}$의 값을 구하시오.

Answer

$$\lim_{x\to\infty}\frac{6x^2+1}{3x^2+7x}=\lim_{x\to\infty}\frac{6+\dfrac{1}{x^2}}{3+\dfrac{7}{x}}=\frac{6+0}{3+0}=2$$

개념 Review

$\dfrac{\infty}{\infty}$ 꼴의 극한값의 계산

차수가 같은 다항함수 $f(x)$, $g(x)$에 대하여

$\lim\limits_{x\to\infty}\dfrac{g(x)}{f(x)}$ 의 값은 '최고차항의 계수비'가 된다.

14.정답 215

| 수학1 | ★☆☆☆☆ | 자연수의 합의 성질 |

① $\displaystyle\sum_{k=1}^{4}(k+1)^3-\sum_{k=1}^{3}(k-1)^3$의 값을 구하시오.

Answer

$$① \sum_{k=1}^{4}(k+1)^3-\sum_{k=1}^{3}(k-1)^3$$

$$=5^3+\sum_{k=1}^{3}(k+1)^3-\sum_{k=1}^{3}(k-1)^3$$

$$=125+\sum_{k=1}^{3}\{(k+1)^3-(k-1)^3\}$$

$$=125+\sum_{k=1}^{3}(6k^2+2)$$

$$=125+6\times\frac{3\times4\times7}{6}+6$$

$$=215$$

개념 Review

수열의 합의 성질

$$① \sum_{k=1}^{n}(a_k\pm b_k)=\sum_{k=1}^{n}a_k\pm\sum_{k=1}^{n}b_k$$

$$② \sum_{k=1}^{n}ca_k=c\sum_{k=1}^{n}a_k \ (c는 상수)$$

$$③ \sum_{k=1}^{n}k=\frac{n(n+1)}{2}$$

15.정답 4

| 수학2 | ★★☆☆☆ | 부등식에의 활용 |

① 모든 실수 x에 대하여 부등식

$$x^4+\frac{4}{3}x^3-2x^2-4x+a\geq0$$

이 항상 성립하도록 하는 ② 정수 a의 최솟값을 구하시오.
〔3점〕

Answer

① $f(x)=x^4+\dfrac{4}{3}x^3-2x^2-4x+a$라 하면

$$f'(x)=4x^3+4x^2-4x-4=4(x+1)^2(x-1)$$

$f'(x)=0$에서 $x=-1$ 또는 $x=1$

함수 $f(x)$의 증가와 감소를 표로 나타내면

x	$\cdots$	-1	$\cdots$	1	$\cdots$
$f'(x)$	$-$	0	$-$	0	$+$
$f(x)$	$\searrow$	$a+\dfrac{5}{3}$	$\searrow$	$a-\dfrac{11}{3}$	$\nearrow$

이므로 함수 $f(x)$는 $x=1$에서 최솟값 $a-\dfrac{11}{3}$을 갖는다.

즉, 모든 실수 x에 대하여 부등식

$x^4+\dfrac{4}{3}x^3-2x^2-4x+a\geq0$이 항상 성립하기 위해서는

$$a-\frac{11}{3}\geq0, \ a\geq\frac{11}{3}$$

② 따라서 a의 최솟값은 4

개념 Review

절대부등식(모든 / 임의의 / 값에 관계없이)의 증명

① 모든 실수 x에 대하여 $f(x)>0$이면
$(y=f(x)$의 최솟값$)>0$임을 보인다.

② 모든 실수 x에 대하여 $f(x)\geq0$이면
$(y=f(x)$의 최솟값$)\geq0$이다.

16.정답 50

| 수학1 | ★★★☆☆ | 등차수열의 항 |

① 모든 항이 0이 아닌 정수이고 공차가 2보다 큰 등차수열 $\{a_n\}$이 다음 조건을 만족시킨다.

> ① (가) $|a_4|=|a_5|+2$
>
> ② (나) $\displaystyle\sum_{k=1}^{5}a_k=-200$

③ a_5+a_6의 값을 구하시오.

Answer

① 등차수열 $\{a_n\}$의 공차를 $d(d>2)$라 하자.

(i) $0<a_4<a_5$일 때

$|a_4|<|a_5|$이므로 조건 (가)를 만족시키지 못한다.

(ii) $a_4<a_5<0$일 때

조건 (가)에서 $|a_4|=|a_5|+2$, $a_5-a_4=2$

즉, $d=2$이므로 주어진 조건을 만족시키지 못한다.

(iii) $a_4<0<a_5$일 때

$|a_4|=|a_5|+2$, $-a_1-3d=a_1+4d+2$

$\therefore 2a_1+7d=-2$ $\qquad\cdots\cdots\bigcirc$

② 조건 (나)에서

$$\sum_{k=1}^{5} a_k = \frac{5(2a_1 + 4d)}{2} = -200$$

$$\therefore a_1 + 2d = -40 \qquad \cdots\cdots ©$$

⊙, ©을 연립하면

$a_1 = -92,\ d = 26$ 이므로 $a_n = 26n - 118$

수열 $\{a_n\}$의 일반항에 의하여 $a_5 = 12,\ a_6 = 38$이므로

③ $a_5 + a_6 = 12 + 38 = 50$

개념 Review

(1) 첫째항이 a, 공차가 d인 등차수열 $\{a_n\}$의 일반항 a_n은

$$a_n = a + (n-1)d$$

(2) a_n이 등차수열이면 $a_l - a_m = (l-m)d$

① 첫째항이 a, 공차가 d인 등차수열 $\{a_n\}$의 첫째항부터

제 n항까지의 합 S_n은

$$S_n = \frac{n\{2a + (n-1)d\}}{2}$$

17.정답 6

수학2	★★★☆☆	정적분과 함수

① 최고차항의 계수가 양수인 다항함수 $f(x)$가 모든 실수 x에 대하여

$$\frac{2}{3}x^2 f(x) = \int_1^x tf(t)\,dt - \int_x^{-1} tf(t)\,dt$$

를 만족시킨다.

② $\displaystyle\int_{-1}^{1} xf(x)\,dx = 1$일 때, ③ $f(4)$의 값을 구하시오.

Answer

① $\dfrac{2}{3}x^2 f(x)$

$$= \int_1^x tf(t)\,dt - \int_x^{-1} tf(t)\,dt$$

$$= \int_1^x tf(t)\,dt + \int_{-1}^{x} tf(t)\,dt \qquad \cdots\cdots ⊙$$

양변을 x에 대하여 미분하면

$$\frac{4}{3}xf(x) + \frac{2}{3}x^2 f'(x)$$

$$= 2xf(x)$$

$$x^2 f'(x) = xf(x) \qquad \cdots\cdots ©$$

$f(x)$의 차수를 n, 최고차항의 계수를 $a\ (a > 0)$라 하자.

©의 양변의 최고차항의 계수를 비교하면 $an = a$이므로

$n = 1$, 즉 $f(x) = ax + b\ (a,\ b$는 상수)로 놓을 수 있다.

©에 대입하면 $x^2 \times a = x(ax + b),\ ax^2 = ax^2 + bx$이므로

$b = 0$, 즉 $f(x) = ax$이다.

② ⊙의 식에 $x = 1$을 대입하면

$$\frac{2}{3}f(1) = -\int_1^{-1} tf(t)\,dt = \int_{-1}^{1} tf(t)\,dt$$

이므로 $\displaystyle\int_{-1}^{1} xf(x)\,dx = \frac{2}{3}a$이고

따라서

$$\int_{-1}^{1} xf(x)\,dx = \frac{2}{3}a = 1$$

이므로 $a = \dfrac{3}{2}$이다.

③ 따라서 $f(x) = \dfrac{3}{2}x$이므로 $f(4) = 6$

개념 Review

정적분으로 정의된 함수 $\displaystyle\int_a^x f(t)\,dt$ 는

① 항등식의 성질을 이용하기 위해 $x = a$ 대입
② 양변을 x에 대하여 미분

의 순서로 문제를 해결하자.

수학 영역

1	②	**2**	⑤	**3**	④	**4**	③	**5**	⑤	**6**	①
7	②	**8**	③	**9**	①	**10**	②	**11**	③	**12**	②
13	5	**14**	2	**15**	2	**16**	7	**17**	29		

4회 빠른 정답

1.정답 ②

수학1	★☆☆☆☆	지수법칙

① $\sqrt{16}\times 2^{-\frac{5}{2}}$의 값은?

① $\dfrac{1}{4}$ ② $\dfrac{\sqrt{2}}{2}$ ③ 1

④ $\sqrt{2}$ ⑤ 4

Answer

$$① \ \sqrt{16}\times 2^{-\frac{5}{2}}=\left(2^2\right)\times 2^{-\frac{5}{2}}=2^{2+\left(-\frac{5}{2}\right)}$$
$$=2^{-\frac{1}{2}}=\frac{\sqrt{2}}{2}$$

개념 Review

$a>0,\ b>0$이고 $r,\ s$가 유리수일 때,

① $a^r a^s = a^{r+s}$

② $a^r \div a^s = a^{r-s}$

③ $(a^r)^s = a^{rs}$

④ $(ab)^r = a^r b^r$

2.정답 ⑤

수학2	★☆☆☆☆	미분계수와 도함수

①함수 $f(x)=x^3+4x^2+2x-4$에 대하여 $f'(1)$의 값은?

① 9 ② 10 ③ 11

④ 12 ⑤ 13

Answer

① $f'(x)=3x^2+8x+2$이므로
$$f'(1)=3+8+2=13$$

개념 Review

두 함수 $f(x),\ g(x)$가 미분가능할 때,

① $\{cf(x)\}'=cf'(x)$ (단, c는 상수)

② $\{f(x)\pm g(x)\}'=f'(x)\pm g'(x)$

3.정답 ④

수학1	★☆☆☆☆	우극한과 좌극한

함수 $y=f(x)$의 그래프가 다음과 같다.

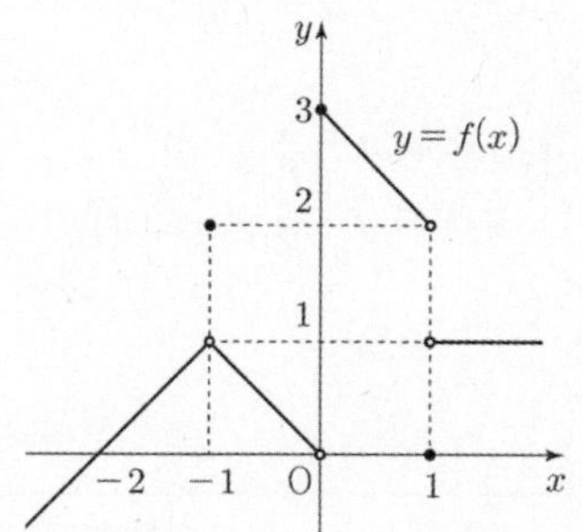

① $\displaystyle\lim_{x\to 0+}f(x)+\lim_{x\to 1+}f(x)$의 값은? 〔3점〕

① 1 ② 2 ③ 3

④ 4 ⑤ 5

Answer

① $\displaystyle\lim_{x\to 0+}f(x)=3,\ \lim_{x\to 1+}f(x)=1$

이므로

$$\lim_{x\to 0+}f(x)+\lim_{x\to 1+}f(x)=4$$

개념 Review

좌극한 : 함수 $f(x)$에서 x가 a보다 작은 값을 가지면서 a에 한없이 가까워질 때 $f(x)$의 값이 일정한 값 α에 한없이 가까워지면 $\displaystyle\lim_{x\to a-}f(x)=\alpha$로 나타내고, 이때 α를 $f(x)$의 좌극한 또는 좌극한값이라고 한다.

우극한 : 함수 $f(x)$에서 x가 a보다 큰 값을 가지면서 a에 한없이 가까워질 때 $f(x)$의 값이 일정한 값 β에 한없이 가까워지면 $\displaystyle\lim_{x\to a+}f(x)=\beta$로 나타내고, 이때 β를 $f(x)$의 우극한 또는 우극한값이라고 한다.

4.정답 ③

수학2	★☆☆☆☆	곱의 미분법

① 다항함수 $f(x)$에 대하여 함수 $g(x)$를
$$g(x)=(x-1)^2 f(x)$$
라 하자. ② $f(2)=1,\ f'(2)=3$일 때, $g'(2)$의 값은?

① 3 ② 4 ③ 5

④ 6 ⑤ 7

Answer

① $g(x)=(x-1)^2f(x)$의 양변을 x에 대하여 미분하면

$$g'(x)=(2x-2)f(x)+(x-1)^2f'(x)$$

② $f(2)=1$, $f'(2)=3$이므로

$$g'(2)=2f(2)+f'(2)$$
$$=2\times 1+1\times 3$$
$$=5$$

개념 Review

두 함수 $f(x)$, $g(x)$가 미분가능할 때,

$$\{f(x)g(x)\}'=f'(x)g(x)+f(x)g'(x)$$

5.정답 ⑤

수학1	★★☆☆☆	지수함수의 평행이동과 대칭이동

① 함수 $y=2^x$의 그래프를 x축의 방향으로 2만큼, y축의 방향으로 -1만큼 평행이동한 후, y축에 대하여 대칭이동한 함수의 그래프가 ② 두 점 $(a,\ 1)$, $(1,\ b)$를 지난다. ③ $b-a$의 값은? (단, a, b는 상수이다.)

① $\dfrac{13}{8}$　　　② $\dfrac{14}{8}$　　　③ $\dfrac{15}{8}$

④ 2　　　⑤ $\dfrac{17}{8}$

Answer

① 함수 $y=2^x$의 그래프를 x축의 방향으로 2만큼, y축의 방향으로 -1만큼 평행이동한 그래프의 식은

$$y=2^{x-2}-1 \qquad \cdots\cdots ㉠$$

이고 식 ㉠이 나타내는 그래프를 y축에 대하여 대칭이동한 그래프의 식은

$$y=2^{-x-2}-1 \qquad \cdots\cdots ㉡$$

이다.

② 이때 ㉡이 나타내는 그래프가 점 $(a,\ 1)$을 지나므로

$$1=2^{-a-2}-1,\ 2^{-a-2}=2$$
$$-a-2=1,\ a=-3$$

이고 점 $(1,\ b)$를 지나므로

$$b=2^{-1-2}-1=-\frac{7}{8}$$

이다.

③ 따라서 $b-a=-\dfrac{7}{8}-(-3)=\dfrac{17}{8}$

개념 Review

(1) 지수함수의 평행이동

$y=a^x$의 그래프를 x축의 방향으로 m만큼, y축의 방향으로

---

n만큼 평행이동한 그래프의 식은

$y=a^{x-m}+n\ (a>0,\ a\neq 1)$이고, 점근선은 $y=n$인 그래프이다.

(2) 지수함수의 대칭이동

x축 대칭	y축 대칭
$y=-a^x$	$y=a^{-x}=\left(\dfrac{1}{a}\right)^x$
원점 대칭	$y=x$ 대칭
$y=-\left(\dfrac{1}{a}\right)^x$	$x=a^y$

6.정답 ①

수학2	★★☆☆☆	함수의 극한의 대소관계

① 0이 아닌 모든 실수 x에 대하여 함수 $f(x)$가

$$\frac{1}{2}x^2+3x<f(x)<x^2+3x$$

를 만족시킬 때, ② $\displaystyle\lim_{x\to 0}\frac{xf(x)+5x}{2f(x)-x}$ 의 값은?

① 1　　　② 2　　　③ 3

④ 4　　　⑤ 5

Answer

(i) 부등식 $\dfrac{1}{2}x^2+3x<f(x)<x^2+3x$ 에서

$$\lim_{x\to 0}\left(\frac{1}{2}x^2+3x\right)=\lim_{x\to 0}(x^2+3x)=0$$이므로

함수의 극한의 대소 관계에 의해 $\displaystyle\lim_{x\to 0}f(x)=0$

(ii) $x>0$일 때, $\dfrac{1}{2}x+3<\dfrac{f(x)}{x}<x+3$이고

$$\lim_{x\to 0+}\left(\frac{1}{2}x+3\right)=\lim_{x\to 0+}(x+3)=3$$이므로

함수의 극한의 대소 관계에 의해 $\displaystyle\lim_{x\to 0+}\frac{f(x)}{x}=3$

$x<0$일 때, $x+3<\dfrac{f(x)}{x}<\dfrac{1}{2}x+3$이고

$$\lim_{x\to 0-}(x+3)=\lim_{x\to 0-}\left(\frac{1}{2}x+3\right)=3$$이므로

함수의 극한의 대소 관계에 의해 $\displaystyle\lim_{x\to 0-}\frac{f(x)}{x}=3$

$$\lim_{x\to 0+}\frac{f(x)}{x}=\lim_{x\to 0-}\frac{f(x)}{x}=3$$이므로

$$\lim_{x\to 0}\frac{f(x)}{x}=3$$

② (i), (ii)에 의해

$$\lim_{x\to 0}\frac{xf(x)+5x}{2f(x)-x}=\lim_{x\to 0}\frac{f(x)+5}{2\times\dfrac{f(x)}{x}-1}=\frac{0+5}{2\times 3-1}=1$$

극한의 대소관계

$\lim\limits_{x \to a} f(x) = \alpha$, $\lim\limits_{x \to a} g(x) = \beta$ (α, β는 실수)일 때,

(1) $f(x) \leq g(x)$이면 $\alpha \leq \beta$

(2) $f(x) \leq h(x) \leq g(x)$이고 $\alpha = \beta$이면

$\quad \lim\limits_{x \to a} h(x) = \alpha$ (샌드위치 법칙)

7. 정답 ②

| 수학1 | ★★★☆☆ | 삼각함수의 성질 |

① 좌표평면 위의 점 P(2, -1)에 대하여 동경 OP가 나타내는 각의 크기를 θ라 할 때, ② $\sin\left(\dfrac{3\pi}{2} + \theta\right) - \sin\theta$의 값은? (단, O는 원점이고, x축의 양의 방향을 시초선으로 한다.)

① -1 　② $-\dfrac{\sqrt{5}}{5}$ 　③ $\dfrac{1}{5}$

④ $\dfrac{\sqrt{5}}{5}$ 　⑤ 1

Answer

① $\sin\theta = \dfrac{-1}{\sqrt{2^2 + (1)^2}} = -\dfrac{\sqrt{5}}{5}$

$\cos\theta = \dfrac{2}{\sqrt{2^2 + (-1)^2}} = \dfrac{2\sqrt{5}}{5}$ 이므로

② $\sin\left(\dfrac{3\pi}{2} + \theta\right) - \sin\theta = -\cos\theta - \sin\theta = -\dfrac{\sqrt{5}}{5}$

개념 Review

$\sin\left(\dfrac{3\pi}{2} \pm \theta\right) = -\cos\theta$

8. 정답 ③

| 수학2 | ★★☆☆☆ | 정적분 |

① 최고차항의 계수가 1인 삼차함수 $f(x)$가

$$\int_0^1 f'(x)dx = \int_0^3 f'(x)dx = 0$$

을 만족시킬 때, ② $f'(1)$의 값은? 〔4점〕

① -4 　② -3 　③ -2

④ -1 　⑤ 0

Answer

① $\displaystyle\int_0^1 f'(x)dx = \int_0^3 f'(x)dx = 0$

$f(1) - f(0) = f(3) - f(0) = 0$에서

$f(0) = f(1) = f(3) = k$ (k는 상수)라 하면

$f(x) = x(x-1)(x-3) + k = x^3 - 4x^2 + 3x + k$

이다.

② 따라서 $f'(x) = 3x^2 - 8x + 3$이므로 $f'(1) = -2$

개념 Review

닫힌구간 $[a, \ b]$에서 연속인 함수 $f(x)$의 한 부정적분을 $F(x)$라 할 때,

$$\int_a^b f(x)dx = \left[\ F(x)\ \right]_a^b = F(b) - F(a)$$

9. 정답 ①

| 수학1 | ★☆☆☆☆ | 수열의 합 |

① 모든 항이 양수이고 첫째항과 공차가 같은 등차수열 $\{a_n\}$이

$$② \quad \sum_{k=1}^{15} \dfrac{a_{k+1} - a_k}{a_k a_{k+1}} = 2$$

를 만족시킬 때, ③ a_{32}의 값은?

① 15 　② 16 　③ 17

④ 18 　⑤ 19

Answer

① 등차수열 $\{a_n\}$의 첫째항과 공차가 같으므로

$a_1 = a$라 하면 $a_n = a + (n-1)a = an$이고

② $\displaystyle\sum_{k=1}^{15} \dfrac{a_{k+1} - a_k}{a_k a_{k+1}} = 2$

$= \displaystyle\sum_{k=1}^{15} \left(\dfrac{1}{a_k} - \dfrac{1}{a_{k+1}}\right)$

$= \dfrac{1}{a_1} - \dfrac{1}{a_2} + \dfrac{1}{a_2} - \dfrac{1}{a_3} + \cdots - \dfrac{1}{a_{16}}$

$= \dfrac{1}{a_1} - \dfrac{1}{a_{16}}$

$= \dfrac{1}{a} - \dfrac{1}{16a} = \dfrac{15}{16a} = 2$

이므로 $32a = 15$에서 $a = \dfrac{15}{32}$이다.

③ 따라서 $a_{32} = 32a = 32 \times \dfrac{15}{32} = 15$

개념 Review

(1) 첫째항이 a, 공차가 d인 등차수열 $\{a_n\}$의 일반항 a_n은

$\quad a_n = a + (n-1)d$

(2) $\displaystyle\sum_{k=1}^{n} \left(\dfrac{1}{a_k} - \dfrac{1}{a_{k+1}}\right) = \dfrac{1}{a_1} - \dfrac{1}{a_{n+1}}$

10. 정답 ②

| 수학1 | ★★☆☆☆ | 삼각함수의 그래프 |

① 곡선 $y=\sin\dfrac{\pi}{2}x\ (0\le x\le 5)$가 직선 $y=k$ $(0<k<1)$과 만나는 서로 다른 세 점을 y축에서 가까운 순서대로 A, B, C라 하자. 세 점 A, B, C의 x좌표의 합이 $\dfrac{25}{4}$일 때, ② 선분 BC의 길이는?

① 2 ② $\dfrac{5}{2}$ ③ 3

④ $\dfrac{7}{2}$ ⑤ 4

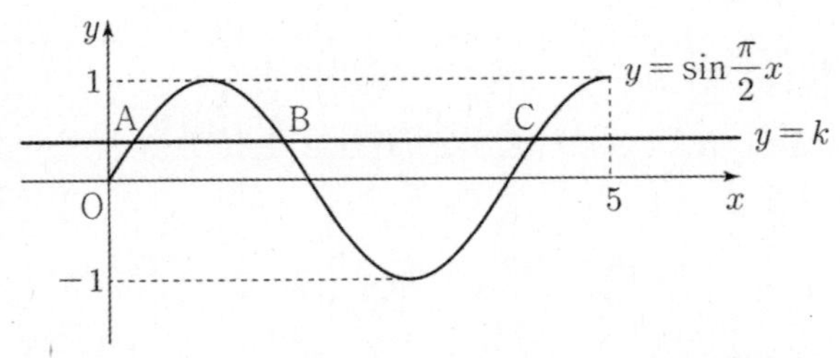

Answer

① 삼각함수 $y=\sin\dfrac{\pi}{2}x$의 주기가 4이므로

세 점 A, B, C의 x 좌표를 각각
$x_1,\ x_2,\ x_3$이라 하면
$x_2=2-x_1,\ x_3=x_1+4$
$x_1+x_2+x_3=x_1+(2-x_1)+(x_1+4)$
$=x_1+6=\dfrac{25}{4}$

에서 $x_1=\dfrac{1}{4}$, $x_2=2-x_1=\dfrac{7}{4}$, $x_3=\dfrac{1}{4}+4=\dfrac{17}{4}$이다.

② 따라서 $\overline{BC}=x_3-x_2=\dfrac{5}{2}$

개념 Review

삼각함수 $y=\sin ax$와 $y=\cos ax$의 주기는 모두 $\dfrac{2\pi}{|a|}$이다.

11. 정답 ③

| 수학2 | ★★☆☆☆ | 평균값의 정리의 활용 |

① 실수 전체의 집합에서 미분가능하고 다음 조건을 만족시키는 모든 함수 $f(x)$에 대하여 ② $f(5)$의 최댓값은?

> ① (가) $f(1)=3$
> ① (나) $1<x<5$인 모든 실수 x에 대하여 $f'(x)\le 4$이다.

① 17 ② 18 ③ 19

④ 20 ⑤ 21

Answer

① 함수 $f(x)$는 닫힌구간 $[1,\ 5]$에서 연속이고 열린구간 $(1,\ 5)$에서 미분가능하므로 평균값의 정리에 의하여

$$\dfrac{f(5)-f(1)}{5-1}=f'(c) \qquad \cdots\cdots \ \ominus$$

를 만족하는 상수 c가 열린구간 $(1,\ 5)$에 적어도 하나 존재한다.

이때, 조건 (나)에서
$$f'(c)\le 4$$
이므로 ⊙에서
$$\dfrac{f(5)-3}{4}\le 4,\ \text{즉}\ f(5)\le 19$$

② 따라서 $f(5)$의 최댓값은 19이다.

개념 Review

평균값의 정리
함수 $f(x)$가 닫힌구간 $[a,\ b]$에서 연속이고 열린구간 $(a,\ b)$에서 미분가능하면
$$\dfrac{f(b)-f(a)}{b-a}=f'(c)$$
인 c가 열린구간 $(a,\ b)$에 적어도 하나 존재한다.

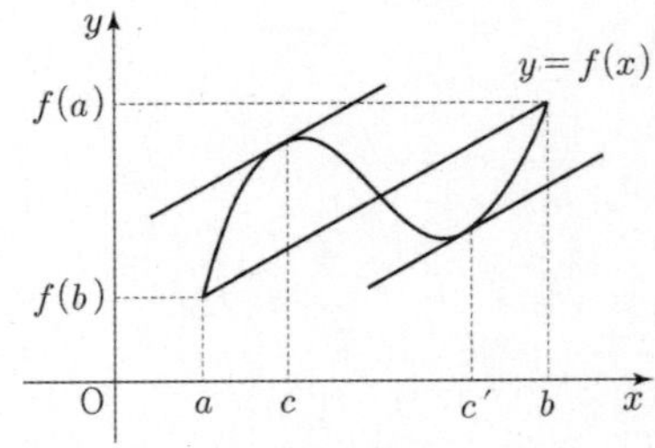

12. 정답 ②

| 수학1 | ★★★☆☆ | 거듭제곱근 |

① 자연수 $m(m\ge 2)$에 대하여 m^8의 n제곱근 중에서 정수가 존재하도록 하는 2이상의 자연수 n의 개수를 $f(m)$이라 할 때, ② $\displaystyle\sum_{m=2}^{9}f(m)$의 값은?

① 27 ② 30 ③ 33

④ 36 ⑤ 39

Answer

① m^8의 n제곱근은 x에 대한 방정식
$$x^n=m^8 \qquad\qquad \cdots\cdots \ \ominus$$
의 근이다.

이때, m의 값에 따라 ⊙의 방정식이 정수근을 갖도록 하는 2 이상의 자연수 n의 개수를 구하면 다음과 같다.

(i) $m=2$, 3, 5, 6, 7일 때,
　　㉠의 방정식의 근 중 정수가 존재하기 위한 n의 값은 2,
　　4, 8이므로
　　$f(m)=3$

(ii) $m=4$, 9일 때,
　　㉠의 방정식의 근 중 정수가 존재하기 위한 n의 값은
　　2, 4, 8, 16
　　이므로
　　$f(m)=4$

(iii) $m=8$일 때,
　　㉠의 방정식의 근 중 정수가 존재하기 위한 n의 값은
　　2, 3, 4, 6, 8, 12, 24
　　이므로
　　$f(8)=7$

② 따라서

$$\sum_{m=2}^{9} f(m) = f(2)+f(3)+\cdots+f(9)$$
$$=3\times5+4\times2+7$$
$$=30$$

개념 Review

a의 실수인 n 제곱근

구분	$a>0$	$a=0$	$a<0$
n이 짝수	$\sqrt[n]{a}$, $-\sqrt[n]{a}$	0	없다.
n이 홀수	$\sqrt[n]{a}$	0	$\sqrt[n]{a}$

13. 정답 5

수학1	★☆☆☆☆	로그방정식

① 방정식
$$\log_2(2x+2)=2+\log_2(x-2)$$
를 만족시키는 실수 x의 값을 구하시오.

Answer

① $\log_2(2x+2)=2+\log_2(x-2)$

$\log_2(2x+2)=\log_2 2^2+\log_2(x-2)$

$\log_2(2x+2)=\log_2\{4\times(x-2)\}$

이므로

$2x+2=4(x-2)$, $2x+2=4x-8$

따라서 $x=5$

개념 Review

로그방정식의 성질

$a>0$, $a\neq1$이고, $x_1>0$, $x_2>0$에 대하여

① $\log_a x_1=p \Leftrightarrow x_1=a^p$

② $\log_a x_1=\log_a x_2 \Leftrightarrow x_1=x_2$

14. 정답 2

수학2	★☆☆☆☆	부정적분

함수 $f(x)$에 대하여 ① $f'(x)=4x^3+6x^2$이고
$f(0)=-1$일 때, ② $f(1)$의 값을 구하시오.

Answer

① $f(x)=\displaystyle\int(4x^3+6x^2)\,dx$

　$=x^4+2x^3+C$ (단, C는 적분상수)

　이고

　$f(0)=C=-1$

　이므로

② $f(x)=x^4+2x^3-1$

　따라서 $f(1)=1+2-1=2$

개념 Review

다항함수의 부정적분

① 자연수 n에 대하여

$$\int x^n dx=\frac{1}{n+1}x^{n+1}+C \quad \text{(단, } C\text{는 적분상수)}$$

② $\displaystyle\int 1\,dx=x+C$ (단, C는 적분상수)

15. 정답 2

수학2	★☆☆☆☆	정적분의 활용(속도와 위치)

① 시각 $t=0$일 때 원점을 출발하여 수직선 위를 움직이는
점 P의 시각 $t(t\geq0)$에서의 가속도 $r(t)$가
$$r(t)=2t+a$$
이다. 시각 $t=3$에서의 점 P의 속도가 6일 때, ② $t=2$에
서의 속도의 값을 구하시오.
(단, 점 P는 $t=0$일 때 정지해 있었다.)

Answer

① 시간 t에서의 점 P의 속도를 $v(t)$라 하면

　시각 $t=3$에서의 점 P의 속도는

$$v(3)=\int_0^3 r(t)\,dt=\int_0^3 (2t+a)\,dt$$

$$=\left[t^2+at\right]_0^3=9+3a=6$$

② 따라서 $a=-1$

　$r(t)=2t-1$, $v(t)=t^2-t$

　$\therefore v(2)=4-2=2$

개념 Review

수직선 위를 움직이는 점 P의 시각 t에서의 가속도가
$r(t)$이고 시각 $t=a$에서 시각 t까지 점 P의 속도의 변화량은
$$\int_a^t r(t)dt$$

16. 정답 7

수학2	★★☆☆☆	정적분의 활용(넓이)

① 두 곡선 $y=x^3+x^2$, $y=-x^2+4k$와 y축으로 둘러싸인 부분의 넓이를 A, 두 곡선 $y=x^3+x^2$, $y=-x^2+4k$와 직선 $x=2$로 둘러싸인 부분의 넓이를 B라 하자.

② $A=B$일 때, $6k$의 값을 구하시오. (단, $1<k<2$)

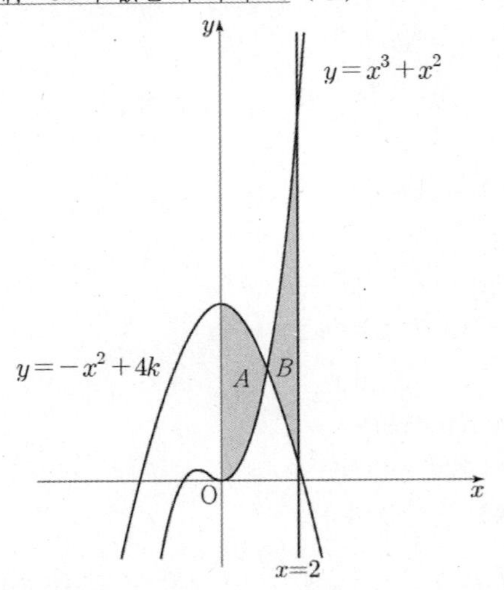

Answer

① $A=B$이므로

$$\int_0^2 \{(x^3+x^2)-(-x^2+4k)\}dx=0$$

이어야 한다. 즉,

$$\int_0^2 \{(x^3+x^2)-(-x^2+4k)\}dx$$

$$=\int_0^2 (x^3+2x^2-4k)dx$$

$$=\left[\frac{1}{4}x^4+\frac{2}{3}x^3-4kx\right]_0^2$$

$$=4+\frac{16}{3}-8k$$

$$=\frac{28}{3}-8k=0$$

② 따라서 $k=\frac{7}{6}$이므로 $6k=7$

개념 Review

곡선과 곡선으로 둘러싸인 부분의 넓이가 같을 조건

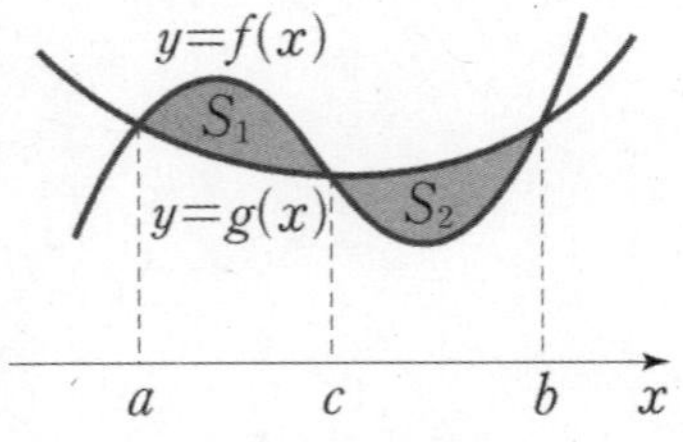

$S_1=S_2$이면

$$\int_a^b \{f(x)-g(x)\}dx=S_1-S_2=S_1-S_1=0$$

17. 정답 29

수학1	★★★★☆	등차수열의 합

① 공차가 2인 등차수열 $\{a_n\}$과 자연수 m이

$$\sum_{k=1}^m a_{k+2}=240, \quad \sum_{k=1}^m (a_k+m)=300$$

을 만족시킬 때, ② a_m의 값을 구하시오.

Answer

① 수열 $\{a_n\}$은 공차가 2인 등차수열이므로

모든 자연수 n에 대하여 $a_{n+2}-a_n=4$

$$\sum_{k=1}^m a_{k+2}-\sum_{k=1}^m (a_k+m)=\sum_{k=1}^m (a_{k+2}-a_k-m)$$

$$=\sum_{k=1}^m (4-m)$$

$$=m(4-m)$$

$$=-60$$

$$4m-m^2=-60, \quad m^2-4m-60=0$$

$$(m-10)(m+6)=0$$에서 $m=10$ 또는 $m=-6$

m은 자연수이므로 $m=10$

$$\sum_{k=1}^{10}(a_k+10)=\sum_{k=1}^{10}a_k+\sum_{k=1}^{10}10$$

$$=\frac{10(2a_1+9\times 2)}{2}+10\times 10=300$$

$$5(2a_1+18)+100=300$$에서 $a_1=11$

② 따라서 $a_m=a_{10}=11+9\times 2=29$

개념 Review

① 첫째항이 a, 공차가 d인 등차수열 $\{a_n\}$의 첫째항부터 제n항까지의 합 S_n은

$$S_n=\frac{n\{2a+(n-1)d\}}{2}$$

② 첫째항이 a, n번째항이 l인 등차수열 $\{a_n\}$의 첫째항부터 제n항까지의 합 S_n은

$$S_n=\frac{n(a+l)}{2}$$

수학 영역

5회 빠른 정답

1	④	2	④	3	②	4	①	5	④	6	④
7	②	8	⑤	9	③	10	③	11	①	12	③
13	8	14	4	15	20	16	446	17	92		

1. 정답 ④

수학1	★☆☆☆☆	지수법칙

① $2^{1+2\sqrt{3}} \times 4^{1-\sqrt{3}}$ 의 값은?

① 1　　　　② 2　　　　③ 4
④ 8　　　　⑤ 16

Answer

① $2^{1+2\sqrt{3}} \times 4^{1-\sqrt{3}} = 2^{1+2\sqrt{3}} \times 2^{2-2\sqrt{3}}$
$$= 2^{(1+2\sqrt{3})+(2-2\sqrt{3})}$$
$$= 2^3 = 8$$

개념 Review

$a > 0$이고 x, y가 실수일 때,
$$a^x a^y = a^{x+y}$$

2. 정답 ④

수학2	★☆☆☆☆	미분계수와 도함수

① 함수 $f(x) = x^3 + 3x^2 - 5x - 1$에 대하여 $f'(2)$의 값은?

① 16　　　　② 17　　　　③ 18
④ 19　　　　⑤ 20

Answer

① $f'(x) = 3x^2 + 6x - 5$에서 $f'(2) = 19$

개념 Review

두 함수 $f(x)$, $g(x)$가 미분가능할 때,
① $\{cf(x)\}' = cf'(x)$ (단, c는 상수)
② $\{f(x) \pm g(x)\}' = f'(x) \pm g'(x)$

3. 정답 ②

수학1	★☆☆☆☆	등비수열의 일반항

① 모든 항이 양수인 등비수열 $\{a_n\}$에 대하여
$$a_2 a_4 = 2, \ a_4 a_6 = 162$$
일 때, ② a_7의 값은?

① 81　　② $81\sqrt{2}$　　③ 243　　④ $243\sqrt{2}$　　⑤ 729

Answer

① $a_2 a_4 = (a_3)^2 = 2$, $a_4 a_6 = (a_5)^2 = 162$에서
　모든 항이 양수이므로 $a_3 = \sqrt{2}$, $a_5 = 9\sqrt{2}$이고
　등비수열 $\{a_n\}$의 공비를 r라 하면 $r^2 = 9$이다.
② 따라서 $a_7 = a_5 \times r^2 = 9\sqrt{2} \times 9 = 81\sqrt{2}$

개념 Review

(1) 0이 아닌 세 수 a_n, a_{n+1}, a_{n+2}가 이 순서대로 등비수열
　을 이룰 때, a_{n+1}을 a_n과 a_{n+2}의 등비중항이라고 한다.
　이때 $\dfrac{a_{n+1}}{a_n} = \dfrac{a_{n+2}}{a_{n+1}}$이므로
$$(a_{n+1})^2 = a_n a_{n+2}$$
(2) 첫째항이 a_1, 공비가 r인 등비수열 $\{a_n\}$의 일반항 a_n은
$$a_n = a_1 r^{n-1} = a_2 r^{n-2} = \cdots = a_m r^{n-m}$$

4. 정답 ①

수학1	★☆☆☆☆	삼각함수의 성질

① $\dfrac{3}{2}\pi < \theta < 2\pi$인 θ에 대하여
$\sin\theta = 4\cos(\pi - \theta)$일 때, ② $\cos\theta\tan\theta$의 값은?

① $-\dfrac{4\sqrt{17}}{17}$　　② $-\dfrac{\sqrt{17}}{17}$　　③ $\dfrac{1}{17}$
④ $\dfrac{\sqrt{17}}{17}$　　⑤ $\dfrac{4\sqrt{17}}{17}$

Answer

① $\cos(\pi - \theta) = -\cos\theta$이므로 $\sin\theta = -4\cos\theta$이다.
　$\sin^2\theta + \cos^2\theta = 1$이므로
　$\sin^2\theta = \dfrac{16}{17}$, $\cos^2\theta = \dfrac{1}{17}$
　$\dfrac{3}{2}\pi < \theta < 2\pi$이므로 $\sin\theta = -\dfrac{4\sqrt{17}}{17}$

② 따라서 $\cos\theta\tan\theta = \cos\theta \times \dfrac{\sin\theta}{\cos\theta}$

$\qquad = \sin\theta = -\dfrac{4\sqrt{17}}{17}$

개념 Review

(1) $\cos(\pi \pm \theta) = -\cos\theta$

(2) $\sin^2\theta + \cos^2\theta = 1$

(3) 각 사분면에서 삼각함수의 값의 부호가 +인 것을 나타내

면 다음과 같고 $\tan\theta = \dfrac{\sin\theta}{\cos\theta}$ 이다.

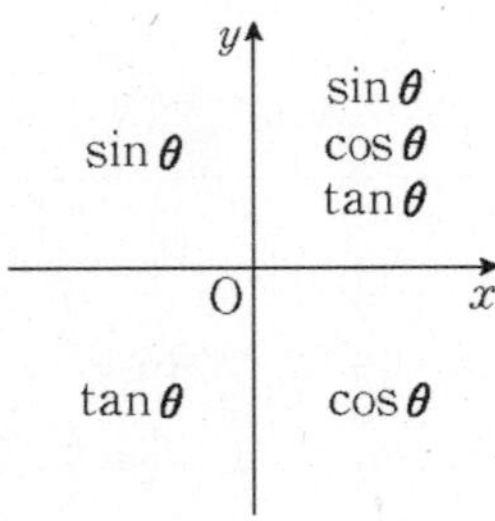

5. 정답 ④

수학2	★☆☆☆☆	함수의 연속

① 함수

$$f(x) = \begin{cases} x-3 & (x < 1) \\ x^2 - ax + 1 & (x \ge 1) \end{cases}$$

가 실수 전체의 집합에서 연속일 때, ② 상수 a의 값은?

① 1 　　② 2 　　③ 3
④ 4 　　⑤ 5

Answer

① 함수 $f(x)$가 $x=1$에서 연속이므로

$\displaystyle \lim_{x\to 1-}(x-3) = \lim_{x\to 1+}(x^2-ax+1) = f(1)$ 에서

$-2 = 2-a$ 이다.

② 따라서 $a=4$

개념 Review

$x=a$에서 연속인 두 함수 $g_1(x)$, $g_2(x)$에 대하여

$f(x) = \begin{cases} g_1(x) & (x < a) \\ g_2(x) & (x \ge a) \end{cases}$ 일 때,

함수 $f(x)$가 $x=a$에서 연속이려면 → $g_1(a) = g_2(a)$

6. 정답 ④

수학2	★☆☆☆☆	함수의 극대, 극소

① 함수 $f(x) = x^3 - 9x^2 + ax + 1$는 $x=2$에서 극대이고, $x=b$에서 극소이다. ② $a+b$의 값은? (단, a, b는 상수이다.)

① 22 　　② 24 　　③ 26
④ 28 　　⑤ 30

Answer

① $f(x) = x^3 - 9x^2 + ax + 1$에서

$\quad f'(x) = 3x^2 - 18x + a$

함수 $f(x)$가 $x=2$에서 극대이므로

$\quad f'(2) = 12 - 36 + a = 0$에서 $a = 24$

이때,

$\quad f'(x) = 3x^2 - 18x + 24$

$\quad = 3(x-2)(x-4)$

$x=2$ 또는 $x=4$에서 $f'(x)=0$

이때 함수 $f(x)$의 증가와 감소를 표로 나타내면 다음과 같다.

x	$\cdots$	2	$\cdots$	4	$\cdots$
$f'(x)$	$+$	0	$-$	0	$+$
$f(x)$	↗	극대	↘	극소	↗

함수 $f(x)$는 $x=4$에서 극소이므로 $b=4$

② 따라서 $a+b = 24 + 4 = 28$

개념 Review

(1) 미분가능한 함수 $y=f(x)$ 가 $x=a$ 에서 극값 b 를 가지면

　　① $f'(a) = 0$

　　② $f(a) = b$

(2) 미분가능한 함수 $f(x)$에 대하여 $f'(a)=0$이고, $x=a$의 좌우에서

　　① $f'(x)$의 부호가 양(+)에서 음(−)으로 바뀌면 $f(x)$는 $x=a$에서 극대이다.

　　② $f'(x)$의 부호가 음(−)에서 양(+)으로 바뀌면 $f(x)$는 $x=a$에서 극소이다.

7.정답 ②

그림과 같이 ① 양의 실수 a에 대하여 곡선

$y = 2\cos ax \left(0 \le x \le \dfrac{2\pi}{a}\right)$와 직선 $y = \sqrt{2}$가 만나는 두

점을 각각 A, B라 하자. ② $\overline{\mathrm{AB}} = \dfrac{5}{4}$일 때, a의 값은?

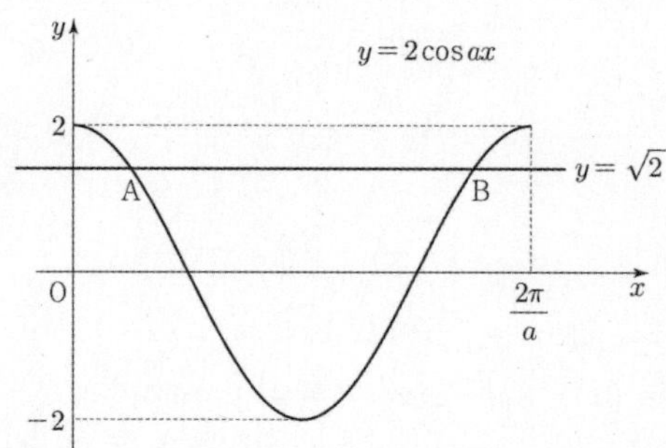

① $\dfrac{4\pi}{5}$　　② $\dfrac{6\pi}{5}$　　③ $\dfrac{8\pi}{5}$

④ 2π　　⑤ $\dfrac{12}{5}\pi$

Answer

① $0 \le x \le \dfrac{2\pi}{a}$에서 $0 \le ax \le 2\pi$이고

$2\cos ax = \sqrt{2}$에서 $\cos ax = \dfrac{\sqrt{2}}{2}$이므로

$ax = \dfrac{\pi}{4}$ 또는 $ax = \dfrac{7\pi}{4}$,

즉 $x = \dfrac{\pi}{4a}$ 또는 $x = \dfrac{7\pi}{4a}$

이때 두 점 A, B의 좌표를 각각 구하면

$\left(\dfrac{\pi}{4a},\ \sqrt{2}\right)$, $\left(\dfrac{7\pi}{4a},\ \sqrt{2}\right)$

② $\overline{\mathrm{AB}} = \dfrac{5}{4}$이므로

$\dfrac{7\pi}{4a} - \dfrac{\pi}{4a} = \dfrac{3\pi}{2a} = \dfrac{5}{4}$에서 $\dfrac{2}{3}a = \dfrac{4\pi}{5}$

따라서 $a = \dfrac{4\pi}{5} \times \dfrac{3}{2} = \dfrac{6\pi}{5}$

개념 Review

$y = a\sin bx$, $y = a\cos bx$의 성질

① 최댓값 : $|a|$

② 최솟값 : $-|a|$

③ 주기 : $\dfrac{2\pi}{|b|}$

8.정답 ⑤

① 최고차항의 계수가 2이고 두 점 A(2, 0), B(k, 0)을 지나는 이차함수 $y = f(x)$의 그래프가 y축과 만나는 점을 C라 하자. ② 직선 BC와 곡선 $y = f(x)$로 둘러싸인 부분의 넓이가 삼각형 OBC의 넓이와 같을 때, ③ k의 값은?

(단, $k > 2$이고, O는 원점이다.)

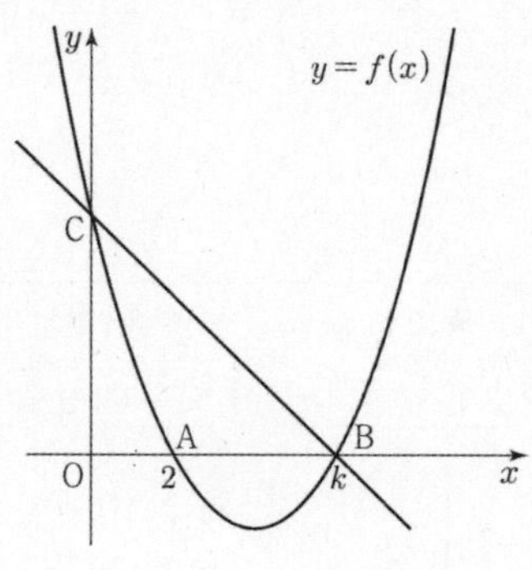

① 4　　② $\dfrac{9}{2}$　　③ 5

④ $\dfrac{11}{2}$　　⑤ 6

Answer

① 최고차항의 계수가 2인 이차함수 $y = f(x)$의 그래프가 두 점 A(2, 0), B(k, 0)을 지나므로

$f(x) = 2(x-2)(x-k) = 2x^2 - 2(k+2)x + 4k$

이다.

② 그림과 같이 곡선 $y = f(x)$와 x축 및 y축으로 둘러싸인 부분의 넓이를 S_1, 직선 BC와 곡선 $y = f(x)$와 x축으로 둘러싸인 부분의 넓이를 T, 곡선 $y = f(x)$와 x축으로 둘러싸인 부분의 넓이를 S_2라 하자.

이때 삼각형 OBC의 넓이는 $S_1 + T$ 이고 직선 BC와 곡선 $y = f(x)$로 둘러싸인 부분의 넓이는 $S_2 + T$이다.

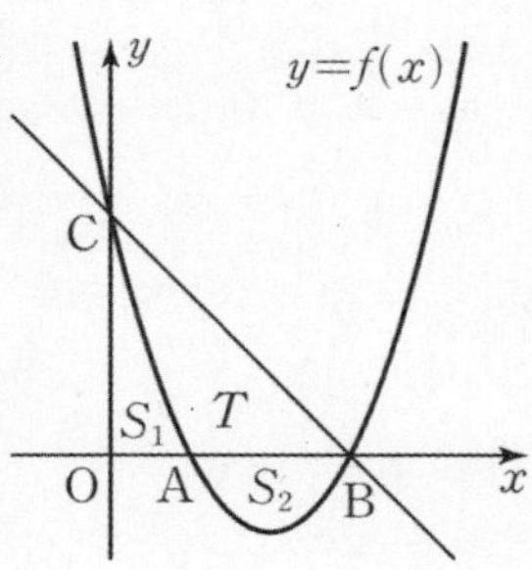

문제의 조건에 의하여 두 부분의 넓이가 같으므로

$S_1 + T = S_2 + T$에서 $S_1 = S_2$

③ 따라서 $\displaystyle\int_0^k f(x)\,dx = 0$이므로

$\displaystyle\int_0^k \{2x^2 - 2(k+2)x + 4k\}\,dx$

$= \left[\dfrac{2}{3}x^3 - (k+2)x^2 + 4kx\right]_0^k$

$= \dfrac{2}{3}k^3 - (k+2)k^2 + 4k^2 = -\dfrac{1}{3}k^2(k-6) = 0$

따라서 $k = 6$ ($\because k > 2$)

개념 Review

곡선과 x축으로 둘러싸인 부분의 넓이가 같을 조건

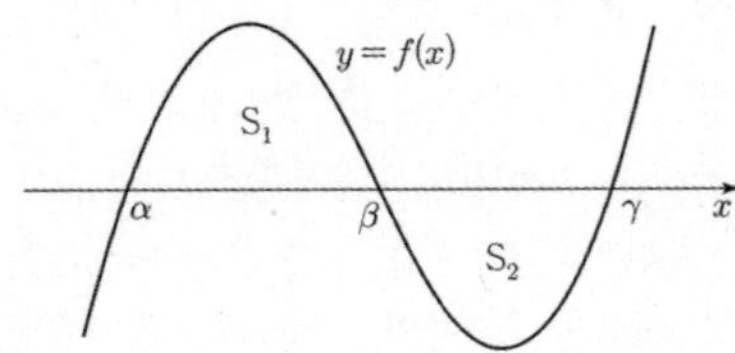

$S_1 = S_2$이면 $\displaystyle\int_{\alpha}^{\gamma} f(x)\,dx = 0$

9. 정답 ③

| 수학1 | ★☆☆☆☆ | 수열의 귀납적 정의 |

① 첫째항이 243인 수열 $\{a_n\}$이 모든 자연수 n에 대하여

$$a_{n+1} = \begin{cases} \dfrac{1}{3}a_n & (a_n \geq 3n) \\ 2a_n & (a_n < 3n) \end{cases}$$

일 때, ② a_8의 값은?

① 8   ② 16   ③ 24
④ 32   ⑤ 40

Answer

① 주어진 조건에 의하여

$a_1 = 243 \geq 3 \times 1$이므로 $a_2 = \dfrac{1}{3}a_1 = 81$,

$a_2 = 81 \geq 3 \times 2$이므로 $a_3 = \dfrac{1}{3}a_2 = 27$,

$a_3 = 27 \geq 3 \times 3$이므로 $a_4 = \dfrac{1}{3}a_3 = 9$,

$a_4 = 9 < 3 \times 4$이므로 $a_5 = 2a_4 = 18$,

$a_5 = 18 \geq 3 \times 5$이므로 $a_6 = \dfrac{1}{3}a_5 = 6$,

$a_6 = 6 < 3 \times 6$이므로 $a_7 = 2a_6 = 12$

② $a_7 = 12 < 3 \times 7$이므로 $a_8 = 2a_7 = 24$

개념 Review

수열은 일반항으로 정의하기도 하지만 처음 몇 개의 항과 이웃하는 여러 항 사이의 관계식으로 정의하기도 하는데, 이와 같이 정의하는 것을 수열의 귀납적 정의라고 한다. 수열 $\{a_n\}$을

  ① 첫째항 a_1

  ② 두 항 a_n, a_{n+1} ($n = 1,\ 2,\ 3,\ \cdots$) 사이의 관계식

과 같이 귀납적으로 정의할 수 있다. 이때 ②의 관계식에 $n = 1,\ 2,\ 3,\ \cdots$을 대입하면 수열 $\{a_n\}$의 모든 항을 구할 수 있다.

10. 정답 ③

| 수학2 | ★★☆☆☆ | 방정식과 미분 |

① x에 대한 사차방정식

$$3x^4 - 8x^3 - 18x^2 + a = 0$$

이 서로 다른 두 개의 양의 실근과 서로 다른 두 개의 음의 실근을 가질 때, ② 모든 정수 a의 값의 합은?

① 10   ② 15   ③ 21
④ 28   ⑤ 36

Answer

① 방정식 $3x^4 - 8x^3 - 18x^2 + a = 0$은

$3x^4 - 8x^3 - 18x^2 = -a$이므로

곡선 $y = 3x^4 - 8x^3 - 18x^2$과 직선 $y = -a$가

$x < 0$인 부분과 $x > 0$인 부분에서 각각 두 점에서 만나야 한다.

$f(x) = 3x^4 - 8x^3 - 18x^2$이라고 하면

$f'(x) = 12x^3 - 24x^2 - 36x = 12x(x+1)(x-3)$이고

$f(0) = 0$, $\quad f(-1) = -7$, $\quad f(3) = -135$이므로 곡선 $y = f(x)$는 다음과 같다.

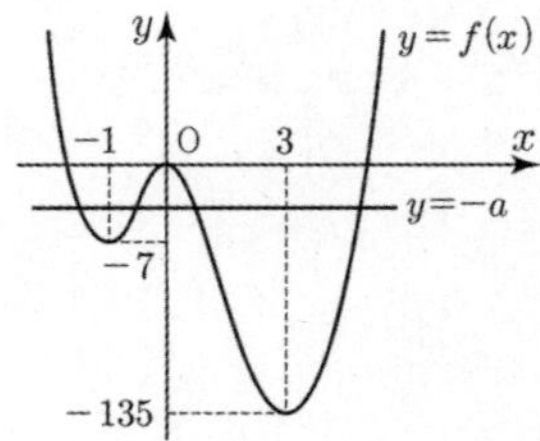

② 따라서 $-7 < -a < 0$이므로 $0 < a < 7$에서 주어진 조건을 만족시키는 정수 a의 값은 1, 2, 3, 4, 5, 6이므로 모든 정수 a의 값의 합은 21이다.

개념 Review

$f'(x) = 0$ 의 실근	$f(x)$의 개형	극값 존재 여부
$f'(x) = 0$이 서로 다른 세 실근 α, β, γ를 갖는 경우		극값 3개를 가진다. (극댓값 1개, 극솟값 2개)

11. 정답 ①

수학2	★★☆☆☆	위치와 움직인 거리

① 시각 $t=0$일 때 동시에 원점을 출발하여 수직선 위를 움직이는 두 점 P, Q의 시각 $t(t \geq 0)$에서의 속도가 각각
$$v_1(t) = 3-2t, \quad v_2(t) = 2t$$
이다. ② 출발한 시각부터 점 P가 원점으로 돌아올 때까지 점 Q가 움직인 거리는?

① 9 ② 10 ③ 11
④ 12 ⑤ 13

Answer

① 점 P의 시각 $t(t \geq 0)$에서의 위치를 $x_1(t)$라 하면
$$x_1(t) = \int_0^t (3-2t)\,dt = \left[3t - t^2\right]_0^t = 3t - t^2$$
이므로 출발 후 점 P가 원점으로 돌아온 시각은
$$3t - t^2 = 0, \quad t(3-t) = 0$$
에서 $t > 0$이므로 $t = 3$

② 따라서 출발한 시각부터 점 P가 원점으로 돌아올 때까지 점 Q가 움직인 거리는
$$\int_0^3 |2t|\,dt = \int_0^3 2t\,dt = \left[t^2\right]_0^3 = 9$$

개념 Review

수직선 위를 움직이는 점 P의 시각 t에서의 속도가 $v(t)$이고 시각 $t=a$에서 점 P의 위치가 x_0일 때,

① 시각 t에서 점 P의 위치 x는
$$x = x_0 + \int_a^t v(t)\,dt$$

② 시각 $t=a$에서 $t=b$까지 점 P의 위치의 변화량은
$$\int_a^b v(t)\,dt$$

③ 시각 $t=a$에서 $t=b$까지 점 P가 움직인 거리는
$$\int_a^b |v(t)|\,dt$$

12. 정답 ③

수학1	★★★☆☆	삼각함수의 그래프

① 양수 a에 대하여 함수
$$f(x) = \left| 4\sin\left(ax - \frac{\pi}{6}\right) + 1 \right| \quad \left(0 \leq x \leq \frac{4\pi}{a}\right)$$
의 그래프가 직선 $y=1$과 만나는 서로 다른 점의 개수는 n이다. ② 이 n개의 점의 x좌표의 합이 26일 때, ③ $n \times a$의 값은?

① 5π ② $\dfrac{11\pi}{2}$ ③ 6π
④ $\dfrac{13\pi}{2}$ ⑤ 7π

Answer

① 함수 $y=f(x)$의 그래프가 직선 $y=1$과 만나는 점의 x좌표는

$0 \leq x \leq \dfrac{4\pi}{a}$일 때 방정식
$$\left| 4\sin\left(ax - \frac{\pi}{6}\right) + 1 \right| = 1 \qquad \cdots\cdots \ \bigcirc$$
의 실근과 같다.

$ax - \dfrac{\pi}{6} = t$라 하면 $-\dfrac{\pi}{6} \leq t \leq \dfrac{23\pi}{6}$이고
$$\left| 4\sin t + 1 \right| = 1 \qquad \cdots\cdots \ \bigcirc$$
에서 $\sin t = 0$ 또는 $\sin t = -\dfrac{1}{2}$

$-\dfrac{\pi}{6} \leq t \leq \dfrac{23\pi}{6}$일 때, 방정식 $\bigcirc$의 실근은

$-\dfrac{\pi}{6}$, 0, π, $\dfrac{7\pi}{6}$, $\dfrac{11\pi}{6}$, 2π, 3π, $\dfrac{19\pi}{6}$, $\dfrac{23\pi}{6}$의 9개이고

이 6개의 실근의 합은 $\dfrac{95\pi}{6}$이다.

② 따라서 $n=9$이고 방정식 $\bigcirc$의 6개의 실근의 합이 26이므로
$$26a - \frac{\pi}{6} \times 9 = \frac{95\pi}{6} \text{에서 } a = \frac{2\pi}{3}$$

③ 따라서 $n \times a = 9 \times \dfrac{2\pi}{3} = 6\pi$

개념 Review

(1) 삼각방정식의 풀이
$y = f(x)$와 $y = k$의 그래프를 그려서 두 그래프의 교점의 x좌표를 구한다.
(2) 삼각방정식 $f(x) = k$의 실근의 개수
$y = f(x)$의 그래프와 직선 $y = k$의 교점의 개수와 같다.

13. 정답 8

수학2	★★☆☆☆	부정적분과 미분의 관계

① 다항함수 $f(x)$의 한 부정적분 $F(x)$가 모든 실수 x에 대하여
$$F(x) = (x+3)f(x) - x^3 + 27x$$
를 만족시킨다. ② $F(0) = 60$일 때, ③ $f(4)$의 값을 구하시오.

Answer

① $F(x) = (x+3)f(x) - x^3 + 27x$의 양변을 x에 대하여 미분하면
$$f(x) = f(x) + (x+3)f'(x) - 3x^2 + 27$$
이고 이를 정리하면
$$(x+3)f'(x) = 3(x+3)(x-3)$$
이다.

이때 $f(x)$는 다항함수이므로 $f'(x)=3x-9$이고

$$f(x)=\int(3x-9)\,dx$$

$$=\frac{3}{2}x^2-9x+C\ (C\text{는 적분상수})$$

이다.

② 한편 주어진 식의 양변에 $x=0$을 대입하면

$F(0)=3f(0)=60$에서 $f(0)=20$이므로 $C=20$

③ 따라서 $f(4)=24-36+20=8$

개념 Review

(1) $F'(x)=f(x)$일 때,

$$\int f(x)\,dx=F(x)+C\ (\text{단, }C\text{는 적분상수})$$

(2) 다항함수의 부정적분

① $y=x^n\ (n\text{은 양의 정수})$이면

$$\int x^n dx=\frac{1}{n+1}x^{n+1}+C\ (\text{단, }C\text{는 적분상수})$$

② $y=1$이면 $\int 1\,dx=x+C$ (단, C는 적분상수)

14.정답 4

수학1	★★☆☆☆	거듭제곱근

① $n\ge 2$인 자연수 n에 대하여 $3n^2-10n$의 n제곱근 중에서 실수인 것의 개수를 $f(n)$이라 할 때, $f(2)+f(3)+f(4)+f(5)$의 값을 구하시오.

Answer

①

$n=2$일 때 $3n^2-10n<0$이므로 $f(2)=0$

$n=3$일 때 $f(3)=1$

$n=4$일 때 $3n^2-10n>0$이므로 $f(2)=2$

$n=5$일 때 $f(5)=1$

따라서

$f(2)+f(3)+f(4)+f(5)=0+1+2+1=4$

개념 Review

a의 실수인 n 제곱근

구분	$a>0$	$a=0$	$a<0$
n이 짝수	$\sqrt[n]{a}$, $-\sqrt[n]{a}$	0	없다.
n이 홀수	$\sqrt[n]{a}$	0	$\sqrt[n]{a}$

15.정답 20

수학2	★★★☆☆	정적분으로 정의된 함수

① 다항함수 $f(x)$가

$$\lim_{x\to 3}\frac{1}{x-3}\int_2^x(x-t)f(t)\,dt=2$$

을 만족시킬 때, ② $\int_2^3(3x+1)f(x)\,dx$의 값을 구하시오

Answer

① $G(x)=\int_2^x(x-t)f(t)\,dt$라 하자.

함수 $G(x)$는 실수 전체의 집합에서 미분가능하므로

$$\lim_{x\to 3}\frac{1}{x-3}\int_2^x(x-t)f(t)\,dt=\lim_{x\to 3}\frac{G(x)}{x-3}=2\text{에서}$$

$G(3)=0$, $G'(3)=2$이다. $G'(3)$

이때 $G(x)=x\int_2^x f(t)\,dt-\int_2^x t\,f(t)\,dt$에서

$$G'(x)=\int_2^x f(t)\,dt+x\,f(x)-x\,f(x)$$

$$=\int_2^x f(t)\,dt$$

이므로

$$G'(3)=\int_2^3 f(t)\,dt=2$$

이고

$$G(3)=3\int_2^3 f(t)\,dt-\int_2^3 t\,f(t)\,dt=0\text{에서}$$

$$\int_2^3 t\,f(t)\,dt=3\int_2^3 f(t)\,dt=6$$

이다.

② 따라서

$$\int_2^3(3x+1)f(x)\,dx$$

$$=3\int_2^3 x\,f(x)\,dx+\int_2^3 f(x)\,dx$$

$$=3\times 6+2=20$$

개념 Review

(1) 적분과 미분의 관계

함수 $f(t)$가 닫힌구간 $[a,\ b]$에서 연속일 때,

① $\dfrac{d}{dx}\int_a^x f(t)\,dt=f(x)$

② $\dfrac{d}{dx}\int_a^x(x-t)f(t)\,dt=\int_a^x f(t)\,dt$

(2) 정적분의 성질

두 함수 $f(x)$와 $g(x)$가 닫힌구간 $[a,\ b]$에서 연속일 때,

① $\int_a^b kf(x)\,dx=k\int_a^b f(x)\,dx$ (단, k는 실수)

② $\int_a^b\{f(x)\pm g(x)\}\,dx=\int_a^b f(x)\,dx\pm\int_a^b g(x)\,dx$

16. 정답 446

수학1	★★★★☆	로그의 값이 정수가 될 조건

① 자연수 n에 대하여 $2\log_{81}\left(\dfrac{5}{9n+27}\right)$의 값이 정수가 되도록 하는 ② 1000 이하의 모든 n의 값의 합을 구하시오.

Answer

① $2\log_{81}\left(\dfrac{5}{9n+27}\right)=\log_9\dfrac{5}{9n+27}=m$ (m은 정수)

에서

$$\dfrac{5}{9n+27}=9^m \qquad \cdots\cdots\ \text{㉠}$$

이때 $9n+27$이 5의 배수가 되어야 하므로

$n=5k-3$ (k는 $1\le k\le 200$인 자연수)

이어야 한다. 이 식을 ㉠에 대입하면

$$\dfrac{1}{9k}=3^{2m}, \qquad 9k=3^{-2m}$$

$$k=3^{-2m-2}$$

이고, 이때 가능한 경우는

$$k=1, 3^2,\ 3^4$$

이다.

따라서 $k=1$ $k=9$ 또는 $k=81$

이므로 $n=2$, $n=42$ 또는 $n=402$이다.

② 따라서 조건을 만족시키는 모든 n의 값의 합은

$$2+42+402=446$$

개념 Review

(1) $a>0,\ a\ne 1,\ b>0$일 때

$$\log_{a^m}b^n=\dfrac{n}{m}\log_a b \ (\text{단},\ m,\ n\text{은 실수},\ m\ne 0)$$

(2) $\log_a b$의 값이 정수일 때

$$\log_a b=n \Leftrightarrow a^n=b \ (\text{단},\ n\text{은 정수})$$

17. 정답 92

수학2	★★★☆☆	움직인 거리

수직선 위를 움직이는 점 P의 시각 $t(t\ge 0)$에서의 속도 $v(t)$와 가속도 $a(t)$가 다음 조건을 만족시킨다.

> ① (가) $0\le t\le 2$일 때, $v(t)=3t^2-6t$이다.
>
> ① (나) $t\ge 2$일 때, $a(t)=6t^2$이다.

② 시각 $t=0$에서 $t=4$까지 점 P가 움직인 거리를 구하시오.

Answer

조건 (가), (나)에서

$t\ge 2$일 때

$v(t)=2t^3+C$ (C는 적분상수)

이때 $v(2)=0$이므로

$16+C=0$에서 $C=-16$

즉, $0\le t\le 4$에서

$$v(t)=\begin{cases} 3t^2-6t & (0\le t\le 2) \\ 2t^3-16 & (2\le t\le 4) \end{cases}$$

② 따라서 시각 $t=0$에서 $t=4$까지 점 P가 움직인 거리는

$$\int_0^4 |v(t)|\,dt = \int_0^2 |v(t)|\,dt + \int_2^4 |v(t)|\,dt$$

$$=-\int_0^2 v(t)\,dt + \int_2^4 v(t)\,dt$$

$$=-\int_0^2 (3t^2-6t)\,dt + \int_2^4 (2t^3-16)\,dt$$

$$=-\left[t^3-3t^2\right]_0^2 + \left[\dfrac{1}{2}t^4-16t\right]_2^4$$

$$=-(-4)+88$$

$$=92$$

개념 Review

수직선 위를 움직이는 점 P의 시각 t에서의 속도가 $v(t)$일 때, 시각 $t=a$에서 $t=b$까지 점 P가 움직인 거리는 $\displaystyle\int_a^b |v(t)|\,dt$

수학 영역

<table><tr><td colspan="10" align="center">6회 빠른 정답</td></tr>
<tr><td>1</td><td>②</td><td>2</td><td>③</td><td>3</td><td>③</td><td>4</td><td>⑤</td><td>5</td><td>①</td><td>6</td><td>③</td></tr>
<tr><td>7</td><td>③</td><td>8</td><td>②</td><td>9</td><td>②</td><td>10</td><td>⑤</td><td>11</td><td>⑤</td><td>12</td><td>④</td></tr>
<tr><td>13</td><td>3</td><td>14</td><td>10</td><td>15</td><td>2</td><td>16</td><td>21</td><td>17</td><td>24</td><td></td><td></td></tr></table>

1. 정답 ②

수학1	★☆☆☆☆	지수법칙

① $(32 \times \sqrt{243})^{\frac{4}{5}}$ 의 값은?

① 72　　　　② 144　　　　③ 216
④ 288　　　　⑤ 324

Answer

① $(32 \times \sqrt{243})^{\frac{4}{5}} = \left(2^5 \times 3^{\frac{5}{2}}\right)^{\frac{4}{5}} = \left(2^5\right)^{\frac{4}{5}} \times \left(3^{\frac{5}{2}}\right)^{\frac{4}{5}}$
$\qquad = 2^4 \times 3^2 = 144$

개념 Review

$a > 0,\ b > 0$이고 $r,\ s$가 유리수일 때,

① $a^r a^s = a^{r+s}$　　　　② $a^r \div a^s = a^{r-s}$
③ $(a^r)^s = a^{rs}$　　　　④ $(ab)^r = a^r b^r$

2. 정답 ③

수학2	★☆☆☆☆	도함수와 미분계수

① 함수 $f(x) = (x+1)^2(x+2)$에 대하여 $f'(1)$의 값은?

① 14　　　　② 15　　　　③ 16
④ 17　　　　⑤ 18

Answer

① $f'(x) = 2(x+1)(x+2) + (x+1)^2$이므로
$f'(1) = 12 + 4 = 16$

개념 Review

두 함수 $f(x),\ g(x)$가 미분가능할 때,
(1) $\{cf(x)\}' = cf'(x)$ (단, c는 상수)
(2) $\{f(x) \pm g(x)\}' = f'(x) \pm g'(x)$
(3) $\{f(x)g(x)\}' = f'(x)g(x) + f(x)g'(x)$

3. 정답 ③

수학1	★☆☆☆☆	등비수열의 항

① 등비수열 $\{a_n\}$에 대하여 $a_1 = 3$, $\dfrac{a_5}{a_2} = 2$일 때, ② a_{10}의 값은?

① 12　　　　② 18　　　　③ 24
④ 30　　　　⑤ 36

Answer

① 등비수열 $\{a_n\}$의 공비를 r라 하면 $\dfrac{a_5}{a_2} = r^3 = 2$

② 따라서 $a_{10} = a_1 \times r^9 = 3 \times 2^3 = 24$

개념 Review

첫째항이 a_1, 공비가 r인 등비수열 $\{a_n\}$의 일반항 a_n은

$a_n = a_1 r^{n-1} = a_2 r^{n-2} = \cdots = a_m r^{n-m}$

4. 정답 ⑤

수학2	★☆☆☆☆	정적분의 성질

① $\displaystyle \int_{-2}^{2} (x^7 + 2x^5 + 10x^4 - x)\, dx$ 의 값은?

① 8　　　　② 16　　　　③ 32
④ 64　　　　⑤ 128

Answer

① $\displaystyle \int_{-2}^{2} (x^7 + 2x^5 + 10x^4 - x)\, dx$

$\displaystyle = \int_{-2}^{2} (x^7 + 2x^5 - x)\, dx + \int_{-2}^{2} 10x^4\, dx$

$\displaystyle = 0 + 2 \int_{0}^{2} 10x^4\, dx$

$\displaystyle = 2 \Big[2x^5 \Big]_{0}^{2}$

$= 128$

개념 Review

(1) $f(-x) = f(x)$이면 $f(x)$가 y축에 대하여 대칭인 함수(우함수)이고

$\displaystyle \int_{-a}^{a} f(x)\, dx = \int_{-a}^{0} f(x)\, dx + \int_{0}^{a} f(x)\, dx = 2 \int_{0}^{a} f(x)\, dx$

(2) $f(-x)=-f(x)$이면 $f(x)$가 원점에 대하여 대칭인 함수
(기함수)이고
$$\int_{-a}^{a}f(x)dx=\int_{-a}^{0}f(x)dx+\int_{0}^{a}f(x)dx=0$$

5.정답 ①

수학1	★★☆☆☆	삼각함수의 값

① 제2사분면의 각 θ에 대하여 $|\cos\theta|=\dfrac{3}{4}$일 때, ② $\sin\theta\tan\theta$
의 값은?

① $-\dfrac{7}{12}$	② $-\dfrac{5}{12}$	③ 0
④ $\dfrac{5}{12}$	⑤ $\dfrac{7}{12}$	

Answer

① 각 θ가 제2사분면의 각이므로 $\cos\theta=-\dfrac{3}{4}$이다.

② 따라서
$$\sin\theta\tan\theta=\sin\theta\times\frac{\sin\theta}{\cos\theta}=\frac{\sin^2\theta}{\cos\theta}$$
$$=\frac{1-\cos^2\theta}{\cos\theta}=\frac{1-\dfrac{9}{16}}{-\dfrac{3}{4}}=-\frac{7}{12}$$

개념 Review

(1) 각 사분면에서 삼각함수의 값의 부호가 +인 것을 나타내
면 다음과 같고 $\tan\theta=\dfrac{\sin\theta}{\cos\theta}$이다.

(2) $\sin^2\theta+\cos^2\theta=1$

6.정답 ③

수학2	★☆☆☆☆	함수의 연속

① 함수
$$f(x)=\begin{cases}2x+3 & (x\le 2)\\ |2x-a| & (x>2)\end{cases}$$
이 실수 전체의 집합에서 연속이 되도록 하는 ② 모든 실수
a의 값의 합은?

① 6	② 7	③ 8
④ 9	⑤ 10	

Answer

① 함수 $f(x)$가 실수 전체의 집합에서 연속이기 위해서는
$x=2$에서 연속이면 되므로
$$\lim_{x\to 2-}f(x)=\lim_{x\to 2+}f(x)=f(2)$$
이 성립해야 한다.
이때,
$$\lim_{x\to 2-}f(x)=\lim_{x\to 2-}(2x+3)=7$$
$$\lim_{x\to 2+}f(x)=\lim_{x\to 2+}|2x-a|=|4-a|,$$
$f(2)=7$이므로 $|4-a|=7$에서
$a=11$ 또는 $a=-3$이다.

② 따라서 모든 실수 a의 값의 합은 $11+(-3)=8$

개념 Review

(1) 함수 $f(x)$가 실수 a에 대하여 다음 조건을 모두 만족시킬
    때, $f(x)$는 $x=a$에서 연속이라고 한다.
(i) 함수 $f(x)$가 $x=a$에서 정의되어 있다.
(ii) 극한값 $\lim\limits_{x\to a}f(x)$가 존재한다.
(iii) $\lim\limits_{x\to a}f(x)=f(a)$

(2) $x=a$에서 연속인 함수 $g_1(x)$, $g_2(x)$에 대하여
$$f(x)=\begin{cases}g_1(x) & (x<a)\\ g_2(x) & (x\ge a)\end{cases}$$ 일 때, $f(x)$가 $x=a$에서 연속이려면
$$\Rightarrow g_1(a)=g_2(a)$$

7.정답 ③

수학1	★★☆☆☆	지수함수 삼각함수

① 함수 $y=\left(\dfrac{1}{3}\right)^{-x-2}+k$의 그래프가

함수 $y=|4\cos x-2|$의 그래프와 만나지 않도록 하는
② 실수 k의 최솟값은?

① 2	② 4	③ 6
④ 8	⑤ 10	

Answer

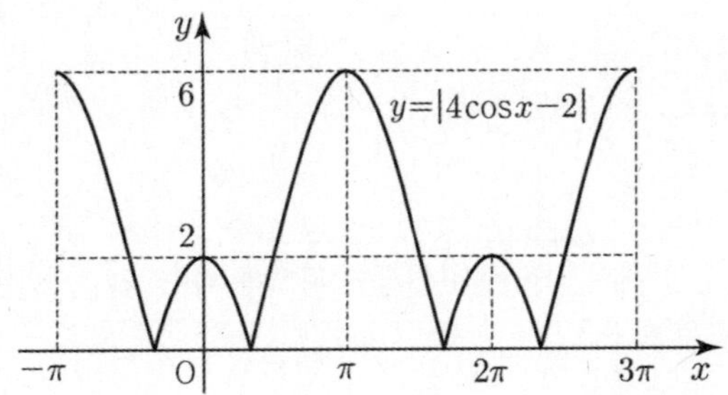

① 함수 $y=|4\cos x-2|$는 $x=(2m+1)\pi$ (m은 정수)에서 $y=6$이므로 함수 $y=|4\cos x-2|$의 그래프는 다음과 같다.

한편 함수 $y=\left(\dfrac{1}{3}\right)^{-x-2}+k$의 치역은 $\{y\,|\,y>k\}$이다.

② 따라서 함수 $y=\left(\dfrac{1}{3}\right)^{-x-2}+k$의 그래프가 함수

$y=|4\cos x-2|$의 그래프와 만나지 않으려면 $k\geq 6$이어야 하므로 실수 k의 최솟값은 6이다.

개념 Review

(1) 함수 $y=|f(x)|$의 그래프 그리는 방법
 ① $y=f(x)$의 그래프를 그린다.
 ② $f(x)\leq 0$인 부분 (x축 아래 부분)을 x축에 대해 대칭이동한다.
(2) 지수함수 $y=a^x$의 그래프를 x축의 방향으로 m만큼, y축의 방향으로 n만큼 평행이동한 그래프의 식은
$$y=a^{x-m}+n(a>0,\ a\neq 1)$$
이고, 다음과 같은 성질이 있다.
 ① 정의역은 실수 전체의 집합이고,
    치역은 $\{y\,|\,y>n\}$이다.
 ② a의 값에 관계없이 항상 점 $(m,\ 1+n)$을 지난다.
 ③ 점근선은 직선 $y=n$이다.

8. 정답 ②

수학2	★★☆☆☆	접선의 방정식

① 점 $(0,\ 18)$에서 곡선 $y=x^3-2x+2$에 그은 접선의
② x절편은?

①　$-\dfrac{8}{5}$　　　②　$-\dfrac{9}{5}$　　　③　-2

④　$-\dfrac{11}{5}$　　　⑤　$-\dfrac{12}{5}$

Answer

① 곡선 $y=x^3-2x+2$에서
$y'=3x^2-2$이고 접점의 좌표를 $(t,\ t^3-2t+2)$라 하면 접선의 방정식은
$$y-(t^3-2t+2)=(3t^2-2)(x-t)$$
이다.

이 직선이 점 $(0,\ 18)$을 지나므로
$$18-(t^3-2t+2)=(3t^2-2)(0-t)$$
위의 식을 정리하면 $t^3=-8$이므로 $t=-2$
따라서 점 $(0,\ 18)$에서 곡선 $y=x^3-2x+2$에 그은 접선의 방정식은
$$y+2=10(x+2),\qquad y=10x+18$$
② 따라서 직선의 x절편은 $-\dfrac{9}{5}$이다.

개념 Review

(1) 접선의 방정식
곡선 $y=f(x)$ 위의 점 $(a,\ f(a))$를 지나고, 이 점에서의 접선의 방정식은
$$y-f(a)=f'(a)(x-a)\quad(\text{단},\ f'(a)\neq 0)$$
(2) 곡선 밖의 점이 주어지는 경우 접점을 설정하여 접선의 방정식을 구한다.

9. 정답 ②

수학1	★★☆☆☆	귀납적으로 정의된 수열

① $a_3=2$인 수열 $\{a_n\}$이 모든 자연수 n에 대하여
$$a_{n+1}=\begin{cases} a_n+2 & (a_n\leq 0)\\ a_n-3 & (a_n>0)\end{cases}$$
일 때, ② a_1+a_6의 최댓값과 최솟값을 각각 M, m이라 하자. $M+m$의 값은?

① 1　　　　② 2　　　　③ 3
④ 4　　　　⑤ 5

Answer

① $a_3=2$이므로 $a_2=0$ 또는 $a_2=5$이다.
（ⅰ）$a_2=0$이면 $a_1=-2$ 또는 $a_1=3$
（ⅱ）$a_2=5$이면 $a_1=8$
또한 $a_3=2$에서 $a_4=-1$, $a_5=1$, $a_6=-2$이다.
② 따라서 a_1+a_6의 값은 -4 또는 1 또는 6이므로
$$M+m=6+(-4)=2$$

개념 Review

수열은 일반항으로 정의하기도 하지만 처음 몇 개의 항과 이웃하는 여러 항 사이의 관계식으로 정의하기도 하는데, 이와 같이 정의하는 것을 수열의 귀납적 정의라고 한다. 수열 $\{a_n\}$을
① 첫째항 a_1
② 두 항 a_n, a_{n+1} $(n=1,\ 2,\ 3,\ \cdots)$ 사이의 관계식
과 같이 귀납적으로 정의할 수 있다.

10. 정답 ⑤

수학2	★★☆☆☆	함수의 극대와 극소

① 최고차항의 계수가 1인 삼차함수 $f(x)$가 다음 조건을 만족시킨다.

> (가) $f(1) = 2$
> (나) 모든 실수 x에 대하여
> $(x+1)\{f(x)-2\} \geq 0$이다.

② 함수 $f(x)$가 $x = \alpha$에서 극댓값을 가질 때, α의 값은?

① $-\dfrac{5}{3}$ ② $-\dfrac{4}{3}$ ③ -1

④ $-\dfrac{2}{3}$ ⑤ $-\dfrac{1}{3}$

Answer

① 함수 $f(x)$는 조건 (가)에서 $f(1) = 2$이고 최고차항의 계수가 1이므로

$$f(x) = (x-1)(x^2 + ax + b) + 2 \ (a,\ b는\ 상수)$$

이라 하자.

조건 (나)에서 모든 실수 x에 대하여

$$(x+1)\{f(x)-2\} \geq 0$$

즉, $(x+1)(x-1)(x^2 + ax + b) \geq 0$이어야 하므로

함수 $y = (x+1)\{f(x)-2\}$의 그래프는 $x = -1$, $x = 1$에서 x축과 접해야 한다.

$$(x+1)(x-1)(x^2 + ax + b) = (x+1)^2(x-1)^2$$

$$x^2 + ax + b = (x+1)(x-1) = x^2 - 1$$

에서 $a = 0$, $b = -1$이다.

따라서 $f(x) = (x-1)(x^2 - 1) + 2$이고 이 식을 미분하면

$$f'(x) = (x^2 - 1) + (x-1) \times 2x$$
$$= (x-1)(x+1+2x) = (x-1)(3x+1)$$

이므로 $f'(x) = 0$에서 $x = -\dfrac{1}{3}$ 또는 $x = 1$이다.

② 이때 함수 $f(x)$는 $x = -\dfrac{1}{3}$의 좌우에서 $f'(x)$의 부호가

양$(+)$에서 음$(-)$으로 바뀌므로 함수 $f(x)$는 $x = -\dfrac{1}{3}$

에서 극댓값을 갖는다. 따라서 $\alpha = -\dfrac{1}{3}$이다.

개념 Review

미분가능한 함수 $f(x)$에 대하여 $f'(a) = 0$이고, $x = a$의 좌우에서

① $f'(x)$의 부호가 양$(+)$에서 음$(-)$으로 바뀌면 $f(x)$는 $x = a$에서 극대이다.

② $f'(x)$의 부호가 음$(-)$에서 양$(+)$으로 바뀌면 $f(x)$는 $x = a$에서 극소이다.

11. 정답 ⑤

수학1	★★★☆☆	삼각방정식

① 자연수 k에 대하여 $0 \leq x < 2\pi$일 때, x에 대한 방정식 $\sin kx = \dfrac{1}{4}$의 서로 다른 실근의 개수가 10이다.

② $0 \leq x < 2\pi$일 때, x에 대한 방정식 $\sin kx = \dfrac{1}{4}$의 모든 해의 합은?

① 5π ② 6π ③ 7π

④ 8π ⑤ 9π

Answer

① 함수 $y = \sin kx$의 주기는 $\dfrac{2\pi}{k}$

$0 \leq x < 2\pi$일 때, 방정식 $\sin kx = \dfrac{1}{4}$의 서로 다른 실근의

개수는 $0 \leq x < 2\pi$에서 곡선 $y = \sin kx$와 직선 $y = \dfrac{1}{4}$이

만나는 점의 개수와 같다.

$1 \leq l \leq k$인 자연수 l에 대하여

$\dfrac{2(l-1)}{k}\pi \leq x < \dfrac{2l}{k}\pi$에서 곡선 $y = \sin kx$와 직선 $y = \dfrac{1}{4}$

이 만나는 점의 개수는 2이고

$0 \leq x < 2\pi$에서 곡선 $y = \sin kx$와 직선 $y = \dfrac{1}{4}$이 만나는

점의 개수가 10이므로 $2k = 10$에서 $k = 5$

② $0 \leq x < 2\pi$일 때, 방정식 $\sin 5x = \dfrac{1}{4}$의 서로 다른 실근을

작은 수부터 크기순으로 나열한 것을 $\alpha_1,\ \alpha_2,\ \alpha_3,\ \cdots,\ \alpha_{10}$

이라 하자.

함수 $y = \sin 5x$의 주기는 $\dfrac{2}{5}\pi$이므로

$\alpha_2 = \dfrac{\pi}{5} - \alpha_1,\ \alpha_3 = \dfrac{2}{5}\pi + \alpha_1,\ \alpha_4 = \dfrac{3}{5}\pi - \alpha_1,$

$\alpha_5 = \dfrac{4}{5}\pi + \alpha_1,\ \alpha_6 = \pi - \alpha_1,\ \alpha_7 = \dfrac{6}{5}\pi + \alpha_1,$

$\alpha_8 = \dfrac{7}{5}\pi - \alpha_1,\ \alpha_9 = \dfrac{8}{5}\pi + \alpha_1,\ \alpha_{10} = \dfrac{9}{5}\pi - \alpha_1$

따라서 구하는 모든 해의 합은 9π

개념 Review

(1) 삼각함수의 주기

삼각함수 $y = \sin ax$와 $y = \cos ax$의 주기는 모두 $\dfrac{2\pi}{|a|}$이다.

(2) 삼각방정식의 실근의 합

(대칭축의 x좌표) × (근의 개수)이므로

$$\dfrac{9}{10}\pi \times 10 = 9\pi$$

로 구해도 된다.

12. 정답 ④

수학1	★★★★☆	등차수열의 합

① 첫째항이 양수인 등차수열 $\{a_n\}$의 첫째항부터 제n항까지의 합을 S_n이라 하자.

$$|S_3| = |S_8| = |S_{15}| - 630$$

을 만족시키는 ② 모든 수열 $\{a_n\}$의 첫째항의 합은?

① 200   ② 202   ③ 204
④ 206   ⑤ 208

Answer

① 수열 $\{a_n\}$의 공차를 d라 할 때, $d \geq 0$이면 수열 $\{a_n\}$의 첫째항이 양수이므로 모든 자연수 n에 대하여 $a_n > 0$이 되어 조건을 만족할 수 없다. 즉 $d < 0$이어야 한다.

(i) $S_3 = S_8$일 때

$$\frac{3(2a_1 + 2d)}{2} = \frac{8(2a_1 + 7d)}{2} \text{에서}$$

$a_1 = -5d$이므로

$$S_3 = S_8 = -12d > 0,$$

$$S_{15} = \frac{15(2a_1 + 14d)}{2} = 30d < 0$$

즉 $S_3 = -S_{15} - 630$에서

$$-12d = -30d - 630, \quad d = -35$$

$$\therefore a_1 = -5d = 175$$

(ii) $S_3 = -S_8$일 때

$$\frac{3(2a_1 + 2d)}{2} = -\frac{8(2a_1 + 7d)}{2} \text{에서}$$

$a_1 = -\dfrac{31}{11}d$이므로

$$S_3 = -S_8 = -\frac{60}{11}d > 0$$

$$S_{15} = \frac{15(2a_1 + 14d)}{2} = \frac{690}{11}d < 0$$

즉 $S_3 = -S_{15} - 630$에서

$$-\frac{60}{11}d = -\frac{690}{11}d - 630, \quad d = -11$$

$$\therefore a_1 = -\frac{31}{11}d = 31$$

② 따라서 (i), (ii)에 의해 조건을 만족시키는 모든 수열 $\{a_n\}$의 첫째항의 합은 $175 + 31 = 206$이다.

개념 Review

(1) $|S_3| = |S_6|$에서 $S_3 = S_6$인 경우와 $S_3 = -S_6$인 경우로 나누어 생각한다.

(2) 첫째항이 a, 공차가 d인 등차수열 $\{a_n\}$의 첫째항부터 제n항까지의 합 S_n은

$$S_n = \frac{n\{2a + (n-1)d\}}{2}$$

13. 정답 3

수학1	★★☆☆☆	로그방정식

① 방정식 $\log_2(x+1) + \log_2(x-1) = 3$을 만족시키는 ② 실수 x의 값을 구하시오.

Answer

① 진수 조건에서 $x+1 > 0$, $x-1 > 0$이므로

$$x > 1 \qquad \cdots\cdots ㉠$$

주어진 방정식

$$\log_2(x+1) + \log_2(x-1)$$
$$= \log_2(x+1)(x-1)$$
$$= \log_2(x^2 - 1) = 3$$

에서

$$x^2 - 1 = 2^3 = 8 \text{ 이므로}$$
$$x^2 = 9 \qquad \cdots\cdots ㉡$$

② 따라서 ㉠, ㉡에서 $x = 3$

개념 Review

$a > 0$, $a \neq 1$, $x_1 > 0$, $x_2 > 0$일 때

① $\log_a x_1 = p \Leftrightarrow x_1 = a^p$

② $\log_a x_1 = \log_a x_2 \Leftrightarrow x_1 = x_2$

로그방정식과 로그부등식에서
(밑) > 0, (밑) $\neq 1$, (진수) > 0
을 꼭 따져야 한다.

14. 정답 10

수학2	★★☆☆☆	함수의 극한

① $\displaystyle\lim_{x \to a} \frac{x^2 + ax + b}{x - a} = -\frac{3}{4}b$일 때, ② $a - b$의 값을 구하시오.
(단, a, b는 0이 아닌 상수이다.)

Answer

① $\displaystyle\lim_{x \to a} \frac{x^2 + ax + b}{x - a} = b$에서 (분모) $\to 0$일 때, 극한값이 존재하므로 (분자) $\to 0$이다.

$$a^2 + a^2 + b = 0, \quad b = -2a^2 \qquad \cdots\cdots ㉠$$

이를 주어진 식에 대입하면

$$\lim_{x \to a} \frac{x^2 + ax + b}{x - a} = \lim_{x \to a} \frac{x^2 + ax - 2a^2}{x - a}$$
$$= \lim_{x \to a} \frac{(x-a)(x+2a)}{x - a}$$
$$= \lim_{x \to a} (x + 2a) = 3a = -\frac{3}{4}b \qquad \cdots\cdots ㉡$$

㉠, ㉡에서 $\dfrac{3}{2}a^2 = 3a$이고 $a \neq 0$이므로 $a = 2$, $b = -8$이다.

② 따라서 $a - b = 2 - (-8) = 10$

개념 Review

x에 대한 다항함수 $f(x)$에 대하여

$$\lim_{x \to a} \frac{f(x)}{x-a} = k \ (k는 \ 상수)이면 \ (분모) \to 0일 \ 때,$$

극한값이 존재하므로 (분자) $\to 0$이다.

즉, $f(a)=0$이다.

15. 정답 2

수학2	★☆☆☆☆	함수의 극한값

함수 $y=f(x)$의 그래프가 그림과 같다.

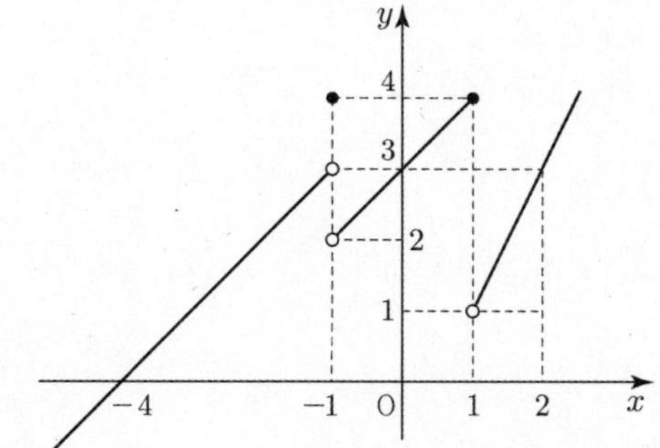

① $-4 \leq x \leq 2$에서 방정식 $\displaystyle\lim_{x \to t-} f(x) + \lim_{x \to t+} f(x) + f(t) = 9$ 을 만족시키는 ② 모든 실수 t의 값의 합을 구하시오.

Answer

① (i) $x=t$에서 연속일 때

$$\lim_{x \to t-} f(x) = \lim_{x \to t+} f(x) = f(t)$$

이므로 $f(t)=3$일 때, 조건 만족

따라서 $t=0$ 또는 $t=2$

(ii) $t=-1$일 때

$$\lim_{x \to -1-} f(x) + \lim_{x \to -1+} f(x) + f(-1) = 3+2+4 = 9$$

(iii) $t=1$일 때

$$\lim_{x \to 1-} f(x) + \lim_{x \to 1+} f(x) + f(1) = 4+1+4 = 9$$

②

(i)~(iii)에 의하여 주어진 방정식을 만족시키는 t의 값은 $-1, 0, 1, 2$이므로 구하는 모든 실수 t의 값의 합은 $-1+0+1+2 = 2$

개념 Review

좌극한 : 함수 $f(x)$에서 x가 a보다 작은 값을 가지면서 a에 한없이 가까워질 때 $f(x)$의 값이 일정한 값 α에 한없이 가까 워지면 $\displaystyle\lim_{x \to a-} f(x) = \alpha$로 나타내고, 이때 α를 $f(x)$의 좌극한 또는 좌극한값이라고 한다.

우극한 : 함수 $f(x)$에서 x가 a보다 큰 값을 가지면서 a에 한 없이 가까워질 때 $f(x)$의 값이 일정한 값 β에 한없이 가까워 지면 $\displaystyle\lim_{x \to a+} f(x) = \beta$로 나타내고, 이때 β를 $f(x)$의 우극한 또 는 우극한값이라고 한다.

16. 정답 21

수학1	★★★☆☆	사인법칙

그림과 같이 ① $\overline{BC} = \overline{CD} = a$인 원에 내접하는 사각형 ABCD의 두 대각선 AC, BD의 교점을 E라 할 때, $\overline{BE} : \overline{ED} = 3 : 1$이다. ② 사각형 ABCD의 넓이가 $\dfrac{\sqrt{5}}{2}a^2$ 이고 $\angle ABC = \theta$라 할 때,

③ $\sin^2\theta \times \cos^2\theta = \dfrac{q}{p}$이다. $p+q$의 값을 구하시오.

(단, p와 q는 서로소인 자연수이다.)

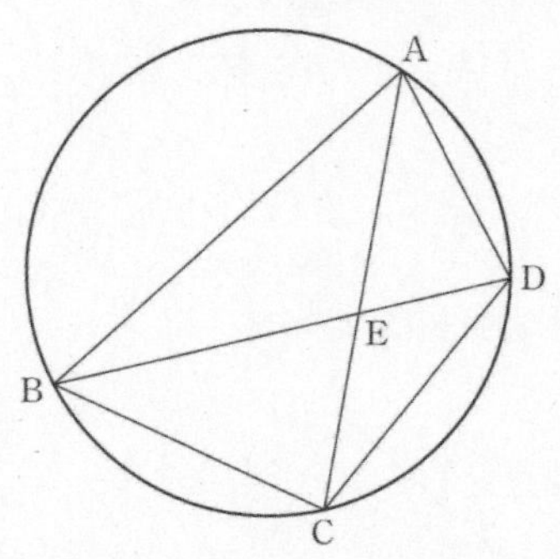

Answer

① $\overline{BE} : \overline{ED} = 3 : 1$에서 $\triangle ABE : \triangle ADE = 3 : 1$이고 $\triangle BCE : \triangle CDE = 3 : 1$이다.

따라서

$$\triangle ABC : \triangle ACD = 3 : 1이다.$$

이때 $\angle ABC = \theta$이므로 $\angle ADC = \pi - \theta$이고,

$$\triangle ABC = \frac{1}{2} \times \overline{AB} \times \overline{BC} \times \sin\theta = \frac{a}{2} \times \overline{AB} \times \sin\theta$$

$$\triangle ACD = \frac{1}{2} \times \overline{AD} \times \overline{CD} \times \sin(\pi - \theta)$$

$$= \frac{a}{2} \times \overline{AD} \times \sin\theta$$

이다.

따라서 $\dfrac{a}{2} \times \overline{AB} \times \sin\theta : \dfrac{a}{2} \times \overline{AD} \times \sin\theta = 3 : 1$에서

$$\overline{AB} : \overline{AD} = 3 : 1, \ \overline{AB} = 3\overline{AD}$$

또한 두 삼각형 ABC, ACD에서 코사인법칙에 의하여 각각

$$\overline{AC}^2 = \overline{AB}^2 + a^2 - 2\overline{AB} \times a\cos\theta \qquad \cdots\cdots ㉠$$

$$\overline{AC}^2 = \overline{AD}^2 + a^2 - 2\overline{AD} \times a\cos(\pi - \theta)$$

$$= \overline{AD}^2 + a^2 + 2\overline{AD} \times a\cos\theta \quad \cdots\cdots ㉡$$

이므로 ㉠, ㉡에 의하여

$$\overline{AB}^2 + a^2 - 2\overline{AB} \times a\cos\theta = \overline{AD}^2 + a^2 + 2\overline{AD} \times a\cos\theta$$

$$9\overline{AD}^2 - 6\overline{AD} \times a\cos\theta = \overline{AD}^2 + 2\overline{AD} \times a\cos\theta$$

에서

$$\cos\theta = \frac{\overline{AD}}{a}$$

이다.

② 그리고 사각형 ABCD의 넓이가 $\dfrac{\sqrt{5}}{2}a^2$이므로

$\square ABCD = \triangle ABC + \triangle ACD$

$= \dfrac{a}{2} \times \overline{AB} \times \sin\theta + \dfrac{a}{2} \times \overline{AD} \times \sin\theta$

$= 2a \times \overline{AD} \times \sin\theta = \dfrac{\sqrt{5}}{2}a^2$

에서 $\sin\theta = \dfrac{\sqrt{5}\,a}{4\overline{AD}}$ 이다.

③ 따라서 $\sin^2\theta \times \cos^2\theta = \dfrac{5a^2}{16\overline{AD}^2} \times \dfrac{\overline{AD}^2}{a^2} = \dfrac{5}{16}$

즉, $p = 16$, $q = 5$이므로 $p + q = 21$

개념 Review

(1)

삼각형 ABC의 넓이를 S라 하면

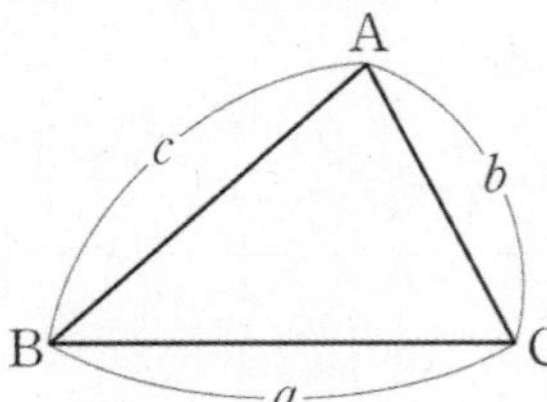

$S = \dfrac{1}{2}ab\sin C = \dfrac{1}{2}bc\sin A = \dfrac{1}{2}ca\sin B$

(2) 코사인법칙

삼각형 ABC에서

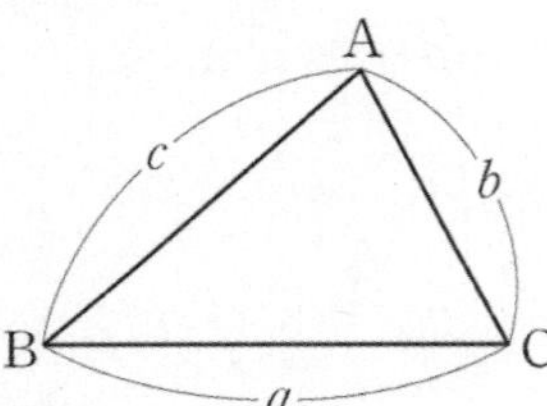

$a^2 = b^2 + c^2 - 2bc\cos A$

$b^2 = c^2 + a^2 - 2ca\cos B$

$c^2 = a^2 + b^2 - 2ab\cos C$

17. 정답 24

| 수학2 | ★★★★★ | 다항함수의 추론 |

② 삼차함수 $f(x)$가 다음 조건을 만족시킨다.

> ① (가) $\lim\limits_{x \to 2} \dfrac{f(x)}{x-2} = 1$
>
> ② (나) 1이 아닌 상수 α에 대하여
>
> $\lim\limits_{x \to 1} \dfrac{f(x)}{(x-1)f'(x)} = \alpha$이다.

③ $\alpha \times f(5)$의 값을 구하시오.

Answer

① 조건 (가)에서 $\lim\limits_{x \to 2} \dfrac{f(x)}{x-2} = 1$이고

$\lim\limits_{x \to 2}(x-2) = 0$이므로 $\lim\limits_{x \to 2}f(x) = 0$

함수 $f(x)$는 $x = 2$에서 연속이므로 $f(2) = 0$ … ㉠

② 조건 (나)에서 $\lim\limits_{x \to 1} \dfrac{f(x)}{(x-1)f'(x)} = \alpha$ $(\alpha \neq 1)$이고

$\lim\limits_{x \to 1}(x-1)f'(x) = 0$이므로 $\lim\limits_{x \to 1}f(x) = 0$

함수 $f(x)$는 $x = 1$에서 연속이므로 $f(1) = 0$ … ㉡

㉠, ㉡에 의해

$$f(x) = k(x-1)(x-2)(x+a)$$

$(k,\ a$는 상수, $k \neq 0)$

$f'(x) = k\{(x-2)(x+a) + (x-1)(x+a)$

$\qquad\qquad\qquad + (x-1)(x-2)\}$

$a \neq -1$ 이라 하면

$\lim\limits_{x \to 1} \dfrac{f(x)}{(x-1)f'(x)} = \lim\limits_{x \to 1} \dfrac{k(x-2)(x+a)}{f'(x)}$

$= \dfrac{1+a}{1+a}$

$= 1 = \alpha$

조건 (나)에서 $\alpha \neq 1$이라 하였으므로 모순

그러므로 $a = -1$이며 $f(x) = k(x-2)(x-1)^2$

$\alpha = \lim\limits_{x \to 1} \dfrac{f(x)}{(x-1)f'(x)}$

$= \lim\limits_{x \to 1} \dfrac{k(x-2)(x-1)^2}{(x-1)\{k(x-1)^2 + 2k(x-2)(x-1)\}}$

$= \lim\limits_{x \to 1} \dfrac{x-2}{(x-1) + 2(x-2)}$

$= \dfrac{-1}{0 + 2 \times (-1)} = \dfrac{1}{2}$

조건 (가)에서

$\lim\limits_{x \to 2} \dfrac{f(x)}{x-2} = \lim\limits_{x \to 2} \dfrac{f(x) - f(2)}{x-2} = f'(2) = 1$이므로

$k = 1$

③ 따라서 $\alpha \times f(5) = \dfrac{1}{2} \times (3 \times 4^2) = 24$

개념 Review

$\dfrac{0}{0}$ 꼴

: x에 대한 다항함수 $f(x)$에 대하여

$\lim\limits_{x \to a} \dfrac{f(x)}{x-a} = k$ (k는 상수)이면 $f(a) = 0$이므로

$f(x) = (x-a)g(x)$ (단, $g(x)$는 다항함수)

수학 영역

<table>
<tr><td colspan="12" align="center">7회 빠른 정답</td></tr>
<tr><td>1</td><td>④</td><td>2</td><td>①</td><td>3</td><td>②</td><td>4</td><td>①</td><td>5</td><td>②</td><td>6</td><td>②</td></tr>
<tr><td>7</td><td>④</td><td>8</td><td>①</td><td>9</td><td>②</td><td>10</td><td>⑤</td><td>11</td><td>④</td><td>12</td><td>③</td></tr>
<tr><td>13</td><td>15</td><td>14</td><td>3</td><td>15</td><td>21</td><td>16</td><td>56</td><td>17</td><td>5</td><td></td><td></td></tr>
</table>

1. 정답 ④

수학1	★☆☆☆☆	삼각함수의 값

① $\tan\dfrac{11}{3}\pi$의 값은?

① $\dfrac{1}{3}$ 　② $-\dfrac{\sqrt{3}}{3}$ 　③ 1

④ $-\sqrt{3}$ 　⑤ 3

Answer

① $\tan\dfrac{11}{3}\pi = \tan\left(3\pi + \dfrac{2\pi}{3}\right) = \tan\dfrac{2\pi}{3} = -\sqrt{3}$

개념 Review

$\tan(n\pi + \theta) = \tan\theta$ (단, n은 정수)

2. 정답 ①

수학2	★☆☆☆☆	함수의 극한

① $\lim\limits_{x\to\infty}\dfrac{\sqrt{4x^2-2}-x}{x+5}$의 값은?

① 1 　② 2 　③ 3

④ 4 　⑤ 5

Answer

$$① \lim_{x\to\infty}\frac{\sqrt{4x^2-2}-x}{x+5} = \lim_{x\to\infty}\frac{\sqrt{4-\dfrac{2}{x^2}}-1}{1+\dfrac{5}{x}}$$

$$= \frac{\sqrt{4-0}-1}{1+0}$$

$$= 1$$

개념 Review

$\dfrac{\infty}{\infty}$ 꼴의 극한 $\Rightarrow$ 분모, 분자를 분모의 최고차항으로 나눈다.

3. 정답 ②

수학1	★☆☆☆☆	등비중항

① 모든 항이 양수인 등비수열 $\{a_n\}$에 대하여

$$a_2 a_4 = a_6 = 49$$

일 때, ② $a_3 + a_9$의 값은?

① 336 　② 350 　③ 364

④ 380 　⑤ 394

Answer

① 등비중항의 성질에 의하여

$$a_2 a_4 = (a_3)^2 = 7^2$$

모든 항이 양수이므로 $a_3 = 7$

등비수열 $\{a_n\}$의 공비를 $r\ (r>0)$라 하면

$$a_6 = a_3 \times r^3 = 7r^3 = 49,\ r^3 = 7$$

② 따라서 $a_3 + a_9 = 7 + 49 \times 7 = 350$

개념 Review

0이 아닌 세 수 a_n, a_{n+1}, a_{n+2}가 이 순서대로 등비수열을 이룰 때, a_{n+1}을 a_n과 a_{n+2}의 등비중항이라고 한다.

이때 $\dfrac{a_{n+1}}{a_n} = \dfrac{a_{n+2}}{a_{n+1}}$이므로

$$(a_{n+1})^2 = a_n a_{n+2}$$

4. 정답 ①

수학2	★☆☆☆☆	우극한과 좌극한

함수 $y = f(x)$의 그래프가 그림과 같다.

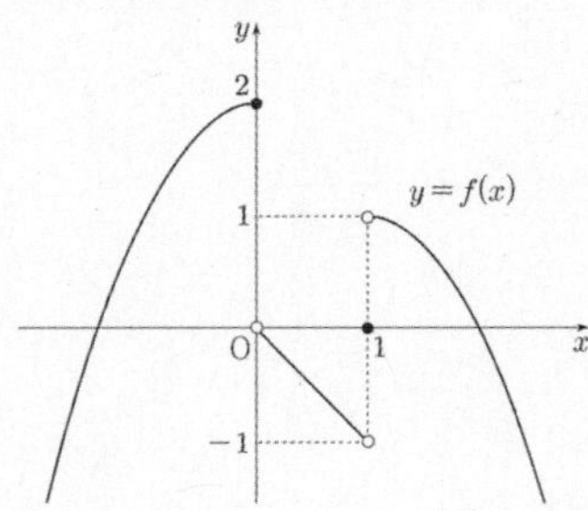

① $\lim\limits_{x\to 0^-} f(x) \times \lim\limits_{x\to 1^-} f(x)$의 값은?

① -2 　② -1 　③ 0

④ 1 　⑤ 2

Answer

① $\lim\limits_{x\to 0-}f(x)\times\lim\limits_{x\to 1-}f(x)=2\times(-1)=-2$

개념 Review

좌극한 : 함수 $f(x)$에서 x가 a보다 작은 값을 가지면서 a에
한없이 가까워질 때 $f(x)$의 값이 일정한 값 α에 한없이
가까워지면 $\lim\limits_{x\to a-}f(x)=\alpha$로 나타내고, 이때 α를 $f(x)$의
좌극한 또는 좌극한값이라고 한다.
우극한 : 함수 $f(x)$에서 x가 a보다 큰 값을 가지면서 a에
한없이 가까워질 때 $f(x)$의 값이 일정한 값 β에 한없이
가까워지면 $\lim\limits_{x\to a+}f(x)=\beta$로 나타내고, 이때 β를 $f(x)$의
우극한 또는 우극한값이라고 한다.

5. 정답 ②

수학1	★★☆☆☆	삼각함수 사이의 관계

① $\dfrac{3\pi}{2}<\theta<2\pi$인 θ에 대하여 $6\cos\theta+\tan\theta=\dfrac{5}{\cos\theta}$일 때,

② $\sin\theta\times\dfrac{1}{\tan\theta}$의 값은?

① $\dfrac{\sqrt{7}}{3}$ ② $\dfrac{2\sqrt{2}}{3}$ ③ 3

④ $\dfrac{\sqrt{10}}{3}$ ⑤ $\dfrac{\sqrt{11}}{3}$

Answer

① $6\cos\theta+\dfrac{\sin\theta}{\cos\theta}=\dfrac{5}{\cos\theta}$, $6\cos^2\theta+\sin\theta=5$

$6(1-\sin^2\theta)+\sin\theta=5$,

$(3\sin\theta+1)(2\sin\theta-1)=0$

$\dfrac{3\pi}{2}<\theta<2\pi$에서 $\sin\theta<0$이므로 $\sin\theta=-\dfrac{1}{3}$,

$\cos\theta=\sqrt{1-\sin^2\theta}=\dfrac{2\sqrt{2}}{3}$

② 따라서

$$\sin\theta\times\dfrac{1}{\tan\theta}=\sin\theta\times\dfrac{\cos\theta}{\sin\theta}$$
$$=\cos\theta$$
$$=\dfrac{2\sqrt{2}}{3}$$

개념 Review

(1) $\sin^2\theta+\cos^2\theta=1$
(2) 각 사분면에서 삼각함수의 값의 부호가 $+$인 것을
나타내면 다음과 같고 $\tan\theta=\dfrac{\sin\theta}{\cos\theta}$이다.

	y	
$\sin\theta$	$\sin\theta$ $\cos\theta$ $\tan\theta$	
$\tan\theta$	$\cos\theta$	

6. 정답 ②

수학1	★★☆☆☆	수열의 귀납적 정의

① 첫째항이 1인 수열 $\{a_n\}$이 모든 자연수 n에 대하여

$$a_{n+1}=\begin{cases} a_n+1 & (a_n<0) \\ -3a_n+1 & (a_n\geq 0) \end{cases}$$

일 때, ② $a_{11}+a_{18}$의 값은?

① -6 ② -3 ③ 0
④ 3   ⑤ 6

Answer

① $a_1=1\geq 0$이므로

$a_2=-3\times 1+1=-2<0$

$a_3=-2+1=-1<0$

$a_4=-1+1=0\geq 0$

$a_5=-3\times 0+1=1\geq 0$

$\vdots$

이다.

② 이때, $a_{n+4}=a_n\ (n\geq 1)$이므로

$a_{11}=a_7=a_3=-1$이고

$a_{18}=a_{14}=a_{10}=\cdots=a_2=-2$이다.

따라서 $a_{11}+a_{18}=-1-2=-3$

개념 Review

(1) 수열 $\{a_n\}$에 대하여 $a_{n+p}=a_n$이면
$$a_{n+kp}=a_n \quad (\text{단, } k\text{는 자연수})$$
(2) 수열은 일반항으로 정의하기도 하지만 처음 몇 개의 항과
이웃하는 여러 항 사이의 관계식으로 정의하기도 하는데, 이와
같이 정의하는 것을 수열의 귀납적 정의라고 한다.
수열 $\{a_n\}$을
① 첫째항 a_1
② 두 항 a_n, a_{n+1} $(n=1,\ 2,\ 3,\ \cdots)$ 사이의 관계식
과 같이 귀납적으로 정의할 수 있다. 이때 ②의 관계식에 $n=1$,
$2,\ 3,\ \cdots$을 대입하면 수열 $\{a_n\}$의 모든 항을 구할 수 있다.

7.정답 ④

수학1	★★☆☆☆	로그부등식

① 부등식 $\log_2 x \leq 5 - \log_2(x-4)$을 만족시키는 ② 모든 정수 x의 값의 합은?

① 15   ② 19   ③ 23

④ 26   ⑤ 30

Answer

① x, $x-4$은 로그의 진수이므로 $x>0$, $x-4>0$에서
$$x>4 \qquad \cdots\cdots \ \textcircled{\scriptsize ㄱ}$$
주어진 부등식을 정리하면
$$\log_2 x \leq 5 - \log_2(x-4)$$
$$\log_2 x + \log_2(x-4) \leq 5$$
$$\log_2 x(x-4) \leq \log_2 32$$
$x^2 - 4x - 32 \leq 0$에서
$$-4 \leq x \leq 8 \qquad \cdots\cdots \ \textcircled{\scriptsize ㄴ}$$
$\textcircled{\scriptsize ㄱ}$, $\textcircled{\scriptsize ㄴ}$에 의하여 $4 < x \leq 8$
② 따라서 모든 정수 x의 값의 합은 $5+6+7+8=26$

개념 Review

로그부등식 계산 방법
밑이 같을 때 ⇨ 진수를 비교한다.

$$\begin{cases} 밑>1이면 \ 진수의 \ 부등호 \ 방향은 \ 그대로 \\ 0<밑<1이면 \ 진수의 \ 부등호 \ 방향은 \ 반대 \end{cases}$$

해법　〔1단계〕　진수조건을 구한다.

　　　〔2단계〕　log를 제거하고 정부등식을 푼다.

　　　〔3단계〕　해＝(진수조건) ∩ (정부등식의 해)

8.정답 ①

수학2	★★☆☆☆	정적분의 활용(넓이)

① 두 함수
$$f(x) = x^2 - 2x,$$
$$g(x) = \begin{cases} -x^2 + x & (x < 1) \\ -x^2 + 3x - 2 & (x \geq 1) \end{cases}$$
의 그래프로 둘러싸인 부분의 넓이는?

① $\dfrac{5}{3}$ ② 2   ③ $\dfrac{7}{3}$

④ $\dfrac{8}{3}$ ⑤ 3

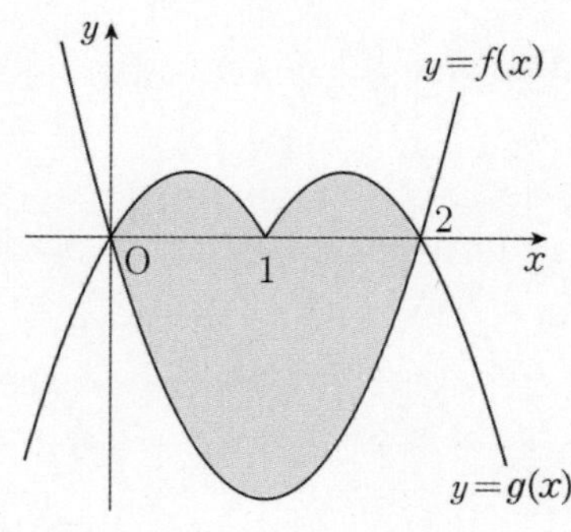

Answer

① 두 함수 $y=f(x)$, $y=g(x)$의 그래프로 둘러싸인 부분에서 $0 \leq x \leq 1$인 부분과 $1 \leq x \leq 2$인 부분의 넓이가 같으므로 구하는 넓이를 S라 하면
$$S = \int_0^2 \{g(x) - f(x)\}\, dx$$
$$= 2\int_0^1 \{(-x^2 + x) - (x^2 - 2x)\}\, dx$$
$$= 2\int_0^1 (-2x^2 + 3x)\, dx$$
$$= 2\left[-\frac{2}{3}x^3 + \frac{3}{2}x^2 \right]_0^1 = \frac{5}{3}$$

개념 Review

두 함수 $f(x)$, $g(x)$가 닫힌구간 $[a, b]$에서 연속일 때, 두 곡선 $y=f(x)$, $y=g(x)$ 및 두 직선 $x=a$, $x=b$로 둘러싸인 도형의 넓이 S는
$$S = \int_a^b |f(x) - g(x)|\, dx$$

9. 정답 ②

수학1	★★☆☆☆	도함수의 성질

① 최고차항의 계수가 1인 다항함수 $f(x)$가 모든 실수 x에 대하여

$$x f'(x) - 3 f(x) = 4x^2 - 6x$$

를 만족시킬 때, ② $f(2)$의 값은?

① -1 ② -2 ③ -3

④ -4 ⑤ -5

Answer

① 주어진 등식의 양변에 $x=0$을 대입하면 $f(0)=0$ 이다.

이때 다항함수 $f(x)$의 차수를 n이라 하면 다음과 같다.

(i) $n \leq 1$일 때,

주어진 등식의 좌변의 차수는 1 이하이고, 우변의 차수는 2이므로 등식이 성립하지 않는다.

(ii) $n = 2$일 때,

주어진 등식의 좌변의 이차항의 계수는 -1이고, 우변의 이차항의 계수는 4이므로 등식이 성립하지 않는다.

(iii) $n \geq 3$일 때,

주어진 등식의 좌변의 n차항의 계수가 $n-3$이고, 우변의 차수는 2이다. $n=2$이면 모순이 생기고,(이 부분 (ii)에서 다루었으므로 삭제) $n=3$이면 등식이 성립한다. ($n \geq 4$일 때는 모순)

(i)~(iii)에 의하여 $f(x)$가 삼차함수이므로

$f(x) = x^3 + ax^2 + bx$ (a, b는 상수)라 하면

$f'(x) = 3x^2 + 2ax + b$이고

$x f'(x) - 3f(x)$

$= x(3x^2 + 2ax + b) - 3(x^3 + ax^2 + bx)$

$= -ax^2 - 2bx$

이다. 주어진 등식이 모든 실수 x에 대하여 성립하므로

$-a = 4$, $-2b = -6$에서

$a = -4$, $b = 3$이므로 $f(x) = x^3 - 4x^2 + 3x$이다.

② 따라서 $f(2) = 8 - 16 + 6 = -2$

개념 Review

항등식의 성질

① $ax^2 + bx + c = 0$이 x에 대한 항등식이면 $a = b = c = 0$이다.

② $ax^2 + bx + c = a'x^2 + b'x + c'$이 x에 대한 항등식이면 $a = a'$, $b = b'$, $c = c'$이다.

10. 정답 ⑤

수학1	★★☆☆☆	지수, 로그함수의 평행이동

① 두 함수 $f(x) = 2^{x-a} + 1$, $g(x) = \dfrac{1}{8} \times 2^{x-a} + b$에 대하여

직선 $y = 2x - 5$가 두 곡선 $y = f(x)$, $y = g(x)$와 모두 접할 때, ② b의 값은? (단, a, b는 상수이다.)

① -7 ② -5 ③ 0

④ 5 ⑤ 7

Answer

① $g(x) = 2^{(x-3)-a} + b$이므로 곡선 $y = g(x)$는 곡선 $y = f(x)$를 x축의 방향으로 3만큼, y축의 방향으로 $b-1$만큼 평행이동한 것이다.

직선 $y = 2x - 5$와 곡선 $y = f(x)$의 접점을 A,

직선 $y = 2x - 5$와 곡선 $y = g(x)$의 접점을 B라 하면 곡선 $y = f(x)$ 위의 점 A에서의 접선의 기울기와 곡선 $y = g(x)$ 위의 점 B에서의 접선의 기울기가 서로 같으므로 점 A를 x축의 방향으로 3만큼, y축의 방향으로 $b-1$만큼 평행이동한 점이 B이다.

② 이때 두 점 A, B를 지나는 직선의 기울기가 2이므로

$$\frac{b-1}{3} = 2 \text{에서 } b = 7 \text{이다.}$$

개념 Review

(1) 지수함수의 평행이동

지수함수 $y = a^x$의 그래프를 x축의 방향으로 m만큼, y축의 방향으로 n만큼 평행이동한 그래프의 식은 $y = a^{x-m} + n$ ($a > 0$, $a \neq 1$)이다.

(2) 직선이 두 함수 $y = f(x)$, $y = g(x)$와 모두 접하므로 접선의 기울기는 두 접점 사이의 기울기와 같음을 이용하자.

11. 정답 ④

수학2	★★☆☆☆	접선의 방정식

① 삼차함수 $f(x) = -x^3 + ax^2 + bx$에 대하여 곡선 $y = f(x)$와 직선 $y = 4kx$ ($k > 0$)이 원점에서 접하고 원점이 아닌 점 A에서 만난다. ② 곡선 $y = f(x)$ 위의 점 A에서의 접선과 직선 $y = -\dfrac{1}{k}x$가 서로 평행일 때, ③ a^2의 최솟값은? (단, a, b, k는 실수이다.)

① 1 ② 2 ③ 3

④ 4 ⑤ 5

Answer

① $f'(x)=-3x^2+2ax+b$이고 곡선 $y=f(x)$와 직선
$y=4kx\ (k>0)$이 원점에서 접하므로
$$f'(0)=b=4k$$
이다. 이때 곡선 $y=f(x)$와 직선 $y=4kx$가 원점이
아닌 점 A에서 만나므로
$$-x^3+ax^2+4kx=4kx,\ x^2(x-a)=0$$
에서 $A(a,\ 4ak)$이다.

② 점 A에서의 접선의 기울기는 $f'(a)=-a^2+4k$이고
이 접선과 직선 $y=-\dfrac{1}{k}x$가 서로 평행이므로 두 직선의기울
기가 같아야 하므로
$$-a^2+4k=-\frac{1}{k},\ a^2=4k+\frac{1}{k}$$
이다.

③ 산술평균과 기하평균의 관계에 의하여
$$a^2=4k+\frac{1}{k}\geq 2\sqrt{4k\times\frac{1}{k}}=4$$
(단, 등호는 $k=\dfrac{1}{2}$일 때 성립한다.)
따라서 구하는 a^2의 최솟값은 4이다.

개념 Review

(1) 두 직선 $y=mx+n$과 $y=m'x+n'$에서
　① 두 직선이 서로 평행이면 $m=m'$이다.
　② $m=m'$이면 두 직선은 서로 평행이다.
(2) 산술평균과 기하평균의 관계
　$a>0,\ b>0$일 때, $\dfrac{a+b}{2}\geq\sqrt{ab}$
　(단, 등호는 $a=b$일 때 성립)

12.정답 ③

 ★★★★☆ 사인법칙과 코사인법칙

그림과 같이 ① 반지름의 길이가 $2\sqrt{5}$인 원에 내접하고
$\angle BAC=\dfrac{\pi}{3}$인 삼각형 ABC가 있다. 점 C를 지나고 직선
AB에 평행한 직선이 원과 만나는 점 중 점 C가 아닌 점을
D, 선분 AC와 선분 BD가 만나는 점을 E라 하자. ② 삼각
형 BCE의 넓이가 $\dfrac{9\sqrt{3}}{2}$일 때, ③ $(\overline{AB}-\overline{CD})^2$의 값은?
(단, $\overline{AB}>\overline{CD}$)

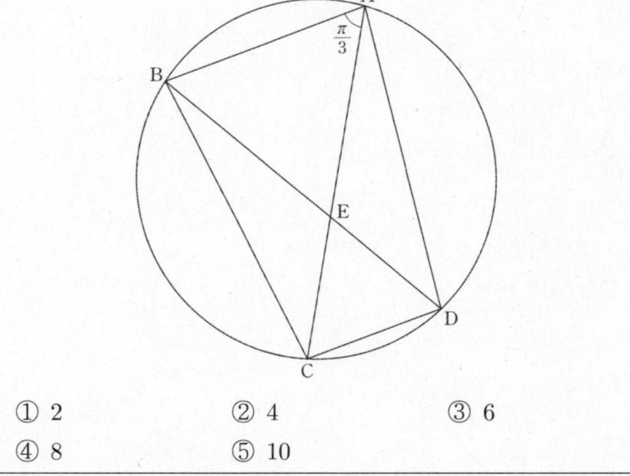

① 2　　　② 4　　　③ 6
④ 8　　　⑤ 10

Answer

① 원주각의 성질에 의해 $\angle BAC=\angle BDC=\dfrac{\pi}{3}$
$\overline{AB}\,/\!/\,\overline{DC}$이므로 $\angle BAC=\angle ECD=\dfrac{\pi}{3}$
삼각형 ABE와 삼각형 CDE는 모두 정삼각형이다.
삼각형 ABC의 외접원의 반지름의 길이가 $2\sqrt{5}$이므로
사인법칙에 의하여 $\dfrac{\overline{BC}}{\sin\dfrac{\pi}{3}}=2\times 2\sqrt{5}$
따라서 $\overline{BC}=2\sqrt{15}$이다.
$\overline{AB}=a,\ \overline{CD}=b\ (a>b)$라 하면 삼각형 BCE에서
$\overline{BE}=a,\ \overline{CE}=b,\ \overline{BC}=2\sqrt{15},\ \angle BEC=\dfrac{2}{3}\pi$
이므로 코사인법칙에 의하여
$$\overline{BC}^2=\overline{BE}^2+\overline{CE}^2-2\overline{BE}\times\overline{CE}\times\cos\frac{2}{3}\pi$$
$$60=a^2+b^2+ab \qquad\cdots\cdots ㉠$$

② 한편, 삼각형 BCE의 넓이가 $\dfrac{9\sqrt{3}}{2}$이므로
$$\frac{1}{2}\times\overline{BE}\times\overline{CE}\times\sin\frac{2}{3}\pi=\frac{9\sqrt{3}}{2}$$
따라서 $ab=18 \qquad\cdots\cdots ㉡$
㉡을 ㉠에 대입하면
$a^2+b^2+18=60,\ (a+b)^2=78$에서
$a+b>0$이므로 $a+b=\sqrt{78}$

③ 따라서

$$(\overline{AB}-\overline{CD})^2 = (a-b)^2$$
$$= (a+b)^2 - 4ab$$
$$= 78 - 72 = 6$$

개념 Review

(1) 사인법칙

삼각형 ABC의 외접원의 반지름의 길이를 R라 하면

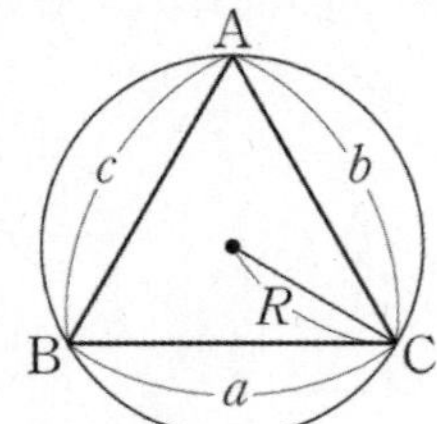

$$\frac{a}{\sin A} = \frac{b}{\sin B} = \frac{c}{\sin C} = 2R$$

(2) 코사인법칙

삼각형 ABC에서

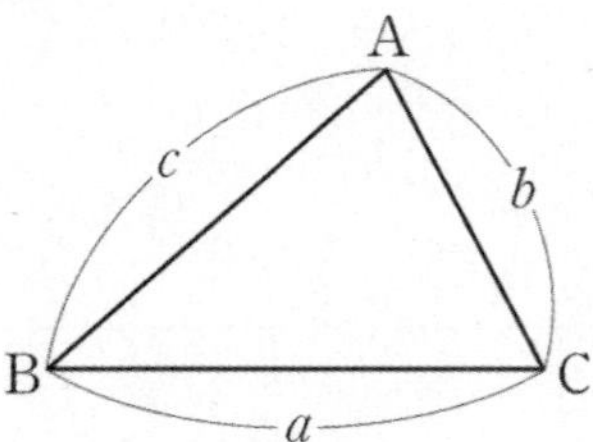

① $a^2 = b^2 + c^2 - 2bc\cos A$

② $\cos A = \dfrac{b^2 + c^2 - a^2}{2bc}$

(3) 삼각형의 넓이

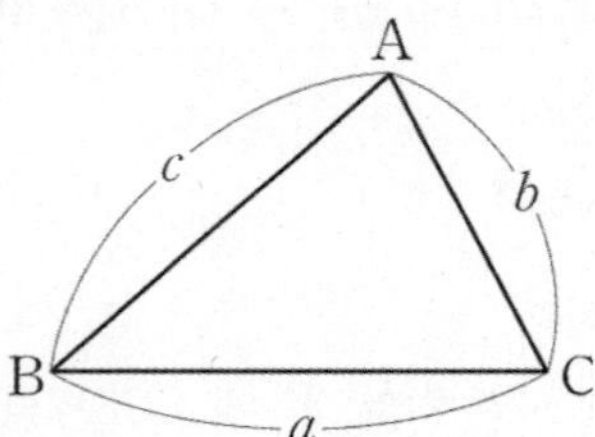

삼각형 ABC의 넓이를 S라 하면

$$S = \frac{1}{2}ab\sin C = \frac{1}{2}bc\sin A = \frac{1}{2}ca\sin B$$

13. 정답 15

수학1	★★★☆☆	합의 기호(등차등비수열의 합)

① 부등식 $\displaystyle\sum_{k=1}^{5} 2^{k-1} < \sum_{k=1}^{n}\left(2k^2-1\right) < \sum_{k=1}^{5}\left(2\times 3^{k-1}\right)$ 을
② 만족시키는 모든 자연수 n의 값의 합을 구하시오.

Answer

① $\displaystyle\sum_{k=1}^{5} 2^{k-1} = \frac{2^5-1}{2-1} = 31$

$\displaystyle\sum_{k=1}^{n}\left(2k^2-1\right) = 2\times\frac{n(n+1)(2n+1)}{6} - n$
$$= \frac{2n^3+3n^2-2n}{3}$$

$\displaystyle\sum_{k=1}^{5}\left(2\times 3^{k-1}\right) = \frac{2\times\left(3^5-1\right)}{3-1} = 242$

이므로 주어진 부등식에서 $31 < \dfrac{2n^3+3n^2-2n}{3} < 242$ 이다.

② 따라서 부등식을 만족시키는 자연수 n의 값은 4, 5, 6이므로 합은 $\dfrac{3\times(4+6)}{2} = 15$ 이다.

개념 Review

시그마 공식

① $\displaystyle\sum_{k=1}^{n} k^2 = \frac{n(n+1)(2n+1)}{6}$

② $\displaystyle\sum_{k=1}^{n} ar^{k-1} = \frac{a\left(r^n-1\right)}{r-1}$ (등비수열의 합, $r\neq 1$)

14. 정답 3

수학1	★☆☆☆☆	로그의 성질

① $\log_2 24 - \log_4 9$의 값을 구하시오.

Answer

①

$\log_2 24 - \log_4 9 = \log_2 24 - \log_{2^2} 3^2$
$$= \log_2 24 - \log_2 3 = \log_2 8$$
$$= 3\log_2 2 = 3$$

개념 Review

로그의 성질

$a > 0$, $a \neq 1$, $M > 0$, $N > 0$일 때,

① $\log_a \dfrac{M}{N} = \log_a M - \log_a N$

② $\log_{a^m} b^n = \dfrac{n}{m}\log_a b$ (m, n은 실수, $m \neq 0$)

15. 정답 21

수학2	★★☆☆☆	극값을 가질 조건

① 함수 $f(x) = 2x^3 - ax^2$이 열린구간 $(3, 4)$에서 극값을 갖도록 하는 모든 자연수 a의 값의 합을 구하시오.

Answer

① $f'(x)=6x^2-2ax=0$에서 $x=0$ 또는 $x=\dfrac{a}{3}$이므로

$3<\dfrac{a}{3}<4$, 즉, $9<a<12$

따라서 모든 자연수 a의 값의 합은 21이다.

개념 Review

삼차함수 $f(x)$가 열린구간 $(a,\ b)$에서 극값을 가지려면 $f'(x)=0$이 서로 다른 두 실근을 갖고 이 근 중 적어도 하나가 열린 구간 $(a,\ b)$ 사이에 존재해야 한다.

16.정답 56

수학2	★★☆☆☆	속도와 가속도

수직선 위를 움직이는 ① 점 P의 시각 $t\,(t\geq 0)$에서의 위치 $x(t)$가

$$x(t)=t^3-3t^2+3kt\ (k\text{는 실수})$$

이다. $0\leq t\leq 3$에서 점 P의 속력의 최댓값이 10이 되도록 하는 모든 실수 k에 대하여 ② 시각 $t=k+10$에서의 점 P의 가속도의 크기의 최댓값을 구하시오.

Answer

① 점 P의 시각 t에서의 속도를 $v(t)$라 하면

$v(t)=x'(t)=3t^2-6t+3k=3(t-1)^2+3k-3$이때, 점 P의 시각 t에서의 속력을 $f(t)=|v(t)|$라 하면

$$f(t)=\left|3(t-1)^2+3k-3\right|$$

(i) $k-1\geq 0$일 때, 즉 $k\geq 1$일 때

$0\leq t\leq 3$에서 $f(t)$는 $t=k+10=3$일 때 최대이므로

$$f(3)=|3k+9|=10$$

인데 $k\geq 1$이므로 위의 식을 만족시키는 k는 존재하지 않는다.

(ii) $k-1<0$일 때, 즉 $k<1$일 때

$0\leq t\leq 3$에서 $f(t)$는 $t=1$ 또는 $t=3$에서 최댓값 10을 갖는다.

㉠ $f(3)=|3k+9|=10$인 경우

$k=-\dfrac{19}{3}$이면 $f(1)=|3k-3|=22$이므로 모순이다.

$k=\dfrac{1}{3}$이면 $f(1)=|3k-3|=2$이므로 조건을 만족시킨다.

㉡ $f(1)=|3k-3|=10$인 경우

$k=-\dfrac{7}{3}$이면 $f(3)=|3k+9|=2$이므로 조건을 만족시킨다.

② 이때 점 P의 시각 t에서의 가속도를 $a(t)$라 하면

$$a(t)=v'(t)=6t-6$$

이다.

$k=\dfrac{1}{3}$일 때 $t=k+10=\dfrac{31}{3}$에서 가속도의 크기는

$$\left|a\left(\dfrac{31}{3}\right)\right|=56$$

이고

$k=-\dfrac{7}{3}$일 때 $t=k+10=\dfrac{23}{3}$에서 가속도의 크기는

$$\left|a\left(\dfrac{23}{3}\right)\right|=40$$

이므로 가속도의 크기의 최댓값은 56이다.

개념 Review

수직선 위를 움직이는 점 P의 시각 t에서의 위치 x가 $x=f(t)$일 때, 시각 t에서의 점 P의 속도 $v(t)$와 가속도 $a(t)$는

$$v(t)=\dfrac{dx}{dt}=f'(t),\ a(t)=\dfrac{dv}{dt}=v'(t)$$

이고 속력과 가속도의 크기는 각각 $|v(t)|$, $|a(t)|$이다.

17.정답 5

수학2	★★★★☆	함수의 극값

① 함수 $f(x)=x^4-2x^2$과 실수 t에 대하여 곡선 $y=f(x)$ 위의 점 $(t,\ f(t))$에서의 접선이 y축과 만나는 점을 P라 할 때, 선분 OP의 길이를 $g(t)$라 하자.

② $\displaystyle\lim_{h\to 0+}\dfrac{g(t+h)-g(t)}{h}\times\lim_{h\to 0-}\dfrac{g(t+h)-g(t)}{h}<0$

을 만족시키는 t의 값을 α, $\beta\ (\beta>\alpha)$라 할 때,

③ $\beta-\alpha=\dfrac{q}{p}\sqrt{6}$이다. $p+q$의 값을 구하시오.

(단, O는 원점이고, p와 q는 서로소인 자연수이다.)

Answer

① $f(x)=x^4-2x^2$에서 $f'(x)=4x^3-4x$이므로

곡선 $y=f(x)$ 위의 점 $(t,\ f(t))$에서의 접선의 방정식은

$$y-(t^4-2t^2)=(4t^3-4t)(x-t)\qquad\cdots\cdots\text{㉠}$$

㉠에 $x=0$을 대입하면 $y=-3t^4+2t^2$

점 P의 좌표는 $(0,\ -3t^4+2t^2)$이므로

$$g(t)=|-3t^4+2t^2|$$

$h(t)=-3t^4+2t^2$이라 하면 $h'(t)=-4t(3t^2-1)$

$h'(t)=0$에서 $t=0$ 또는 $t=\pm\dfrac{\sqrt{3}}{3}$

한편, $h(t)=0$에서 $-t^2(3t^2-2)=0$이므로

$t=0$ 또는 $t=\pm\dfrac{\sqrt{6}}{3}$

함수 $y=g(t)$의 그래프는 오른쪽 그림과 같다.

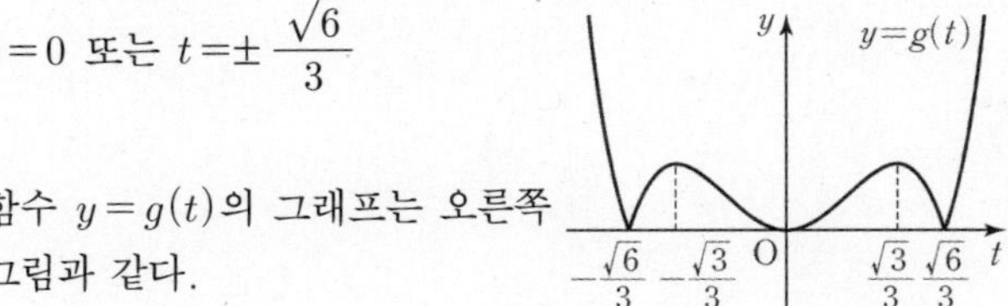

② 함수 $g(t)$는 실수 전체의 집합에서 연속이므로

$$\lim_{h\to 0+}\frac{g(t+h)-g(t)}{h}\times\lim_{h\to 0-}\frac{g(t+h)-g(t)}{h}<0$$

을 만족시키는 t의 값은

$$t=\pm\frac{\sqrt{6}}{3}$$

이므로 $\beta-\alpha=\dfrac{2\sqrt{6}}{3}$ 이다.

③ 따라서 $p=3$, $q=2$이므로 $p+q=3+2=5$

개념 Review

① 평균변화율의 좌극한(좌미분계수)

$$\lim_{h\to 0-}\frac{f(a+h)-f(a)}{h}$$

평균변화율의 우극한(우미분계수)

$$\lim_{h\to 0+}\frac{f(a+h)-f(a)}{h}.$$

8회 빠른 정답

1	⑤	2	③	3	④	4	⑤	5	①	6	③
7	⑤	8	③	9	③	10	①	11	⑤	12	③
13	2	14	8	15	310	16	14	17	458		

1.정답 ⑤

수학1	★☆☆☆☆	지수법칙

① $\left(2\sqrt{2}\right)^{\frac{1}{3}} \times 2^{\frac{3}{2}}$의 값은?

① 1   ② $\sqrt{2}$ ③ 2
④ $2\sqrt{2}$ ⑤ 4

Answer

① $2\sqrt{2}=2\times 2^{\frac{1}{2}}=2^{1+\frac{1}{2}}=2^{\frac{3}{2}}$이므로

$$\left(2\sqrt{2}\right)^{\frac{1}{3}}\times 2^{\frac{3}{2}}=\left(2^{\frac{3}{2}}\right)^{\frac{1}{3}}\times 2^{\frac{3}{2}}=2^{\frac{3}{2}\times\frac{1}{3}+\frac{3}{2}}$$
$$=2^2=4$$

개념 Review

$a>0$, $b>0$이고 r, s가 유리수일 때,

① $a^r a^s = a^{r+s}$ ② $a^r \div a^s = a^{r-s}$
③ $\left(a^r\right)^s = a^{rs}$ ④ $\left(ab\right)^r = a^r b^r$

2.정답 ③

수학2	★☆☆☆☆	정적분의 계산

① $\displaystyle\int_0^2 \left(3x^3+6x^2\right)dx$의 값은?

① 24   ② 26   ③ 28
④ 30   ⑤ 32

Answer

$$\int_0^2 \left(3x^3+6x^2\right)dx=\left[\frac{3x^4}{4}+2x^3\right]_0^2=28$$

개념 Review

닫힌구간 $[a,\ b]$에서 연속인 함수 $f(x)$의 한 부정적분을 $F(x)$라 할 때,

$$\int_a^b f(x)dx=\left[\,F(x)\,\right]_a^b=F(b)-F(a)$$

3.정답 ④

수학1	★☆☆☆☆	등차수열

① 등차수열 $\{a_n\}$에 대하여

$$a_4=7,\ \ 2a_7-a_{17}=0$$

일 때, ② a_1의 값은?

① 1   ② 2   ③ 3
④ 4   ⑤ 5

Answer

① 등차수열 $\{a_n\}$의 공차를 d라 하면

$a_4=7$이므로

$$a_1+3d=7 \qquad\qquad \cdots\cdots ㉠$$

$2a_7=a_{17}$이므로

$$2(a_1+6d)=a_1+16d,\ \ 즉\ a_1-4d=0 \qquad \cdots\cdots ㉡$$

② 따라서 ㉠, ㉡을 연립하여 풀면 $a_1=4$

개념 Review

첫째항이 a, 공차가 d인 등차수열 $\{a_n\}$의 일반항 a_n은

$$a_n=a+(n-1)d$$

4.정답 ⑤

수학2	★☆☆☆☆	함수의 좌극한과 우극한

함수 $y=f(x)$의 그래프가 그림과 같다.

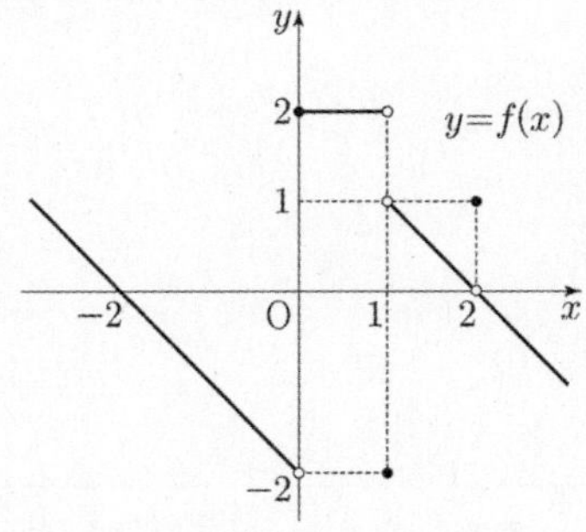

① $\displaystyle\lim_{x\to 0+}f(x)+\lim_{x\to 1-}f(x)+f(2)$의 값은?

① 1   ② 2   ③ 3
④ 4   ⑤ 5

Answer

① $x\to 0+$일 때 $f(x)\to 2$

$x\to 1-$일 때 $f(x)\to 2$

따라서 $\displaystyle\lim_{x\to 0+}f(x)+\lim_{x\to 1-}f(x)+f(2)=2+2+1=5$

좌극한 : 함수 $f(x)$ 에서 x가 a보다 작은 값을 가지면서 a에 한없이 가까워질 때 $f(x)$ 의 값이 일정한 값 α 에 한없이 가까워지면 $\lim\limits_{x \to a-} f(x) = \alpha$ 로 나타내고, 이때 α 를 $f(x)$ 의 좌극한 또는 좌극한값이라고 한다.

우극한 : 함수 $f(x)$ 에서 x가 a보다 큰 값을 가지면서 a에 한없이 가까워질 때 $f(x)$ 의 값이 일정한 값 β에 한없이 가까워지면 $\lim\limits_{x \to a+} f(x) = \beta$ 로 나타내고, 이때 β를 $f(x)$ 의 우극한 또는 우극한값이라고 한다.

5.정답 ①

수학1	★★☆☆☆	삼각함수의 성질

① $\tan\theta > 0$ 이고 $\cos\left(\dfrac{\pi}{2}+\theta\right) = \dfrac{\sqrt{3}}{3}$ 일 때, ② $\cos\theta$의 값은?

① $-\dfrac{\sqrt{6}}{3}$ ② $-\dfrac{\sqrt{3}}{3}$ ③ 0

④ $\dfrac{\sqrt{3}}{3}$ ⑤ $\dfrac{\sqrt{6}}{3}$

Answer

① $\cos\left(\dfrac{\pi}{2}+\theta\right) = -\sin\theta$ 이므로 $\sin\theta = -\dfrac{\sqrt{3}}{3}$

$\tan\theta > 0$, $\sin\theta < 0$ 이므로 θ는 제3사분면의 각이고, $\cos\theta < 0$ 이다.

② 그리고

$\cos^2\theta = 1 - \sin^2\theta$

$= 1 - \left(-\dfrac{\sqrt{3}}{3}\right)^2$

$= \dfrac{2}{3}$

에서

$\cos\theta = -\dfrac{\sqrt{6}}{3}$ $(\because \cos\theta < 0)$

6.정답 ③

수학2	★★☆☆☆	평균변화율과 미분계수

① 함수 $f(x) = x^2 - 3x + 4$ 에서 x의 값이 a에서 $a+2$까지 변할 때의 평균변화율이 5이다.

② $\lim\limits_{h \to 0} \dfrac{f(a+2h) - f(a-h)}{h}$ 의 값은?

(단, a는 상수이다.)

① 7 ② 8 ③ 9
④ 10 ⑤ 11

Answer

① $\dfrac{f(a+2) - f(a)}{(a+2) - a} = 2a - 1 = 5$ 에서 $a = 3$ 이다.

② 한편 $f'(x) = 2x - 3$ 이므로

$\lim\limits_{h \to 0} \dfrac{f(a+2h) - f(a-h)}{h} = 3f'(a)$

$= 3f'(3) = 9$

(1) 함수 $y = f(x)$ 에서 x의 값이 a에서 b까지 변할 때의 평균변화율은

$$\dfrac{\Delta y}{\Delta x} = \dfrac{f(b) - f(a)}{b - a} = \dfrac{f(a + \Delta x) - f(a)}{\Delta x}$$

(2) $\lim\limits_{\Delta x \to 0} \dfrac{\Delta y}{\Delta x} = \lim\limits_{h \to 0} \dfrac{f(a+h) - f(a)}{h}$ 의 극한값이 존재할 때, 함수 $f(x)$는 $x = a$에서 미분가능하다고 하고, 이 극한값을 함수 $f(x)$의 $x = a$에서의 순간변화율 또는 미분계수라 하며, 기호로 $f'(a)$와 같이 나타낸다.

7.정답 ⑤

수학1	★☆☆☆☆	시그마의 성질

두 수열 $\{a_n\}$, $\{b_n\}$에 대하여 ① $\sum\limits_{k=1}^{10} a_k = 20$,

$\sum\limits_{k=1}^{10} b_k = 5$ 일 때, $\sum\limits_{k=1}^{10} (\sqrt{a_k} + \sqrt{b_k})(\sqrt{a_k} - \sqrt{b_k})$의 값은?

① 11 ② 12 ③ 13
④ 14 ⑤ 15

Answer

① $\sum\limits_{k=1}^{10} (\sqrt{a_k} + \sqrt{b_k})(\sqrt{a_k} - \sqrt{b_k}) = \sum\limits_{k=1}^{10} a_k - \sum\limits_{k=1}^{10} b_k$

$= 20 - 5$

$= 15$

(1) $\sum\limits_{k=1}^{n} (a_k \pm b_k) = \sum\limits_{k=1}^{n} a_k \pm \sum\limits_{k=1}^{n} b_k$

(2) $\sum\limits_{k=1}^{n} ca_k = c \sum\limits_{k=1}^{n} a_k$ (c는 상수)

8.정답 ③

수학2	★★★★☆	연속함수의 성질

① 함수 $f(x)=\dfrac{x^2+x+2}{ax^2-2ax+3}$ 이 실수 전체의 집합에서 연속이 되도록 하는 ② 모든 정수 a의 개수는?

① 1 　　② 2 　　③ 3
④ 4 　　⑤ 5

Answer

① $g(x)=x^2+x+2$, $h(x)=ax^2-2ax+3$라 하면 두 함수 $g(x)$, $h(x)$는 각각 실수 전체의 집합에서 연속이다.

함수 $f(x)=\dfrac{x^2+x+2}{ax^2-2ax+3}=\dfrac{g(x)}{h(x)}$가 실수 전체의 집합에서 연속이려면 모든 실수 x에 대하여 $h(x)\neq 0$, 즉 $ax^2-2ax+3\neq 0$이어야 한다.

(i) $a=0$일 때

$h(x)=3$이므로 모든 실수 x에 대하여 $h(x)\neq 0$

(ii) $a\neq 0$일 때

모든 실수 x에 대하여 $ax^2-2ax+3\neq 0$이려면 이차방정식 $ax^2-2ax+3=0$이 허근을 가져야 한다. 이 이차방정식의 판별식을 D라 하면

$\dfrac{D}{4}=a^2-3a=a(a-3)<0$, $0<a<3$

② (i), (ii)에서 $0\le a<3$이므로 구하는 모든 정수 a의 개수는 3이다.

개념 Review

(1) 두 연속함수 $f(x)$, $g(x)$에 대하여 함수 $\dfrac{g(x)}{f(x)}$가 실수 전체에서 연속이려면 모든 실수 x에 대하여 $f(x)\neq 0$이어야 한다.

(2) 다항함수의 최고차항의 계수가 미지수인 경우 최고차항의 계수가 0이 되는 경우와 아닌 경우로 나누어 생각해야 한다.

9.정답 ③

수학1	★★☆☆☆	지수부등식과 로그의 성질

다음 조건을 만족시키는 ③ 모든 자연수 n의 값의 합은?

(가) ① $\sqrt{\left(\dfrac{1}{2}\right)^n}>4^{-10}$
(나) ② $\log_2 5\times\{\log_5(4n+8)-\log_5 2\}$의 값은 정수이다.

① 48 　　② 50 　　③ 52
④ 54 　　⑤ 56

Answer

① 조건 (가)에서

$\sqrt{\left(\dfrac{1}{2}\right)^n}>4^{-10}$, $2^{-\frac{n}{2}}>2^{2\times(-10)}$,

$-\dfrac{n}{2}>-20$에서 $n<40$ 　　　　　…… ㉠

② 조건 (나)에서

$\log_2 5\times\{\log_5(4n+8)-\log_5 2\}$

$=\log_2 5\times\log_5(2n+4)$

$=\dfrac{\log 5}{\log 2}\times\dfrac{\log(2n+4)}{\log 5}$

$=\dfrac{\log(2n+4)}{\log 2}=\log_2(2n+4)$

이고, 이 값이 정수이므로

$\log_2(2n+4)=k$ (k는 정수)로 놓을 수 있다.

이때, $2^k=2n+4$이고, ㉠에서

$6\le 2n+4<84$이므로

$k=3$일 때, $n=2$

$k=4$일 때, $n=6$

$k=5$일 때, $n=14$

$k=6$일 때, $n=30$

$k\ge 7$이면 $2^k\ge 128$이므로 조건을 만족시키는 자연수 n의 값이 존재하지 않는다.

③ 따라서 모든 n의 값의 합은

$2+6+14+30=52$

개념 Review

(1) 지수 부등식은 밑이 1보다 큰지, 작은지 반드시 확인한다.

① $a>1$일 때는 부등호 방향이 그대로이다. (증가함수)
$$a^{f(x)}<a^{g(x)}\ \Rightarrow\ f(x)<g(x)$$

② $0<a<1$일 때는 부등호 방향이 반대로 바뀐다. (감소함수)
$$a^{f(x)}<a^{g(x)}\ \Rightarrow\ f(x)>g(x)$$

(2) 밑 변환 공식

$a>0$, $a\neq 1$, $b>0$, $c>0$, $c\neq 1$일 때,

$$\log_a b=\dfrac{\log_c b}{\log_c a}$$

10. 정답 ①

① $f(3)=2$ $f'(3)=3$, $g(1)=6$ 인 다항함수 $f(x)$와 최고차항의 계수가 1인 이차함수 $g(x)$가

$$\lim_{x\to 3}\frac{f(x)-g(x)}{x-3}=a$$

을 만족시킬 때, ② a의 값은?

① 3 ② 4 ③ 5
④ 6 ⑤ 7

Answer

① $\lim\limits_{x\to 3}\dfrac{f(x)-g(x)}{x-3}=a$이고 $\lim\limits_{x\to 3}(x-3)=0$이므로

$\lim\limits_{x\to 3}\{f(x)-g(x)\}=0$

$f(x)$, $g(x)$가 모두 다항함수이므로 연속이다.

따라서 $f(3)=g(3)$이고 $f(3)=2$이므로

$g(3)=2$

이다.

$\lim\limits_{x\to 3}\dfrac{f(x)-g(x)}{x-3}=\lim\limits_{x\to 3}\dfrac{\{f(x)-f(3)\}-\{g(x)-g(3)\}}{x-3}$

$=f'(3)-g'(3)=a$

$f'(3)=3$이므로 $g'(3)=3-a$

$g(x)$는 최고차항의 계수가 1인 이차함수이므로

$g(x)=x^2+mx+n\,(m,\ n$는 상수$)$라 하면

$g'(x)=2x+m$

$g(3)=9+3m+n=2$, $g(1)=1+m+n=6$

$g'(3)=6+m=3-a$

에서 $m=-6$, $n=11$

② 따라서 $a=3$

개념 Review

함수 $y=f(x)$의 $x=a$에서의 미분계수는

$$\lim_{\Delta x\to 0}\frac{\Delta y}{\Delta x}=\lim_{b\to a}\frac{f(b)-f(a)}{b-a}=\lim_{x\to a}\frac{f(x)-f(a)}{x-a}$$

(단, b가 변하므로 x라 하자.)

$$=\lim_{h\to 0}\frac{f(a+h)-f(a)}{h}$$ (단, $\Delta x=h$ 라 하자.)

의 극한값이 존재할 때, 함수 $f(x)$는 $x=a$에서 미분가능하다고 하고, 이 극한값을 함수 $f(x)$의 $x=a$에서의 순간변화율 또는 미분계수라 하며, 기호로 $f'(a)$와 같이 나타낸다.

11. 정답 ⑤

① 기울기가 $\dfrac{1}{3}$인 직선 l이 곡선 $y=\log_2 2x$와 서로 다른 두 점에서 만날 때, 만나는 두 점 중 x좌표가 큰 점을 A라 하고, 직선 l이 곡선 $y=\log_2 4x$와 만나는 두 점 중 x좌표가 큰 점을 B라 하자. $\overline{AB}=3\sqrt{10}$일 때, ② 점 A에서 x축에 내린 수선의 발 C에 대하여 삼각형 ABC의 넓이는?

① $\dfrac{7}{2}$ ② $\dfrac{7\log_2 3}{2}$ ③ $\dfrac{9}{2}$

④ $\dfrac{9\log_2 3}{2}$ ⑤ $\dfrac{9(1+\log_2 3)}{2}$

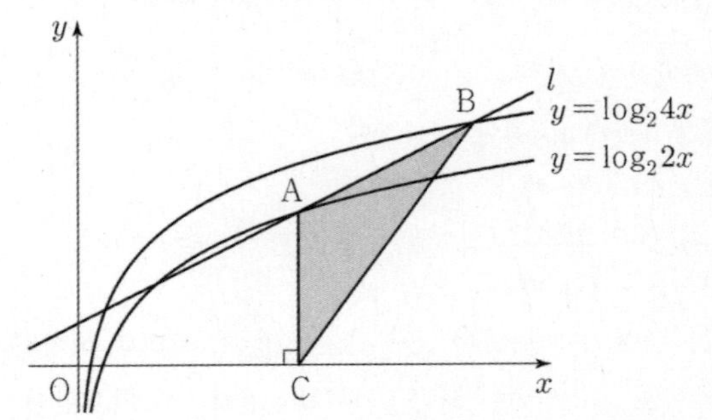

Answer

① A$(a,\ \log_2 2a)$, B$(b,\ \log_2 4b)$ $(a<b)$라 하자.

직선 AB의 기울기가 $\dfrac{1}{3}$이므로

$\dfrac{\log_2 4b-\log_2 2a}{b-a}=\dfrac{1}{3}$에서

$\log_2 4b-\log_2 2a=\dfrac{1}{3}(b-a)$

이고

$\overline{AB}=\sqrt{(b-a)^2+(\log_2 4b-\log_2 2a)^2}$

$=\sqrt{(b-a)^2+\dfrac{1}{9}(b-a)^2}$

$=\dfrac{\sqrt{10}}{3}\times(b-a)=3\sqrt{10}$

에서 $b-a=9$ ⋯⋯ ㉠

이다.

따라서

$\log_2 4b-\log_2 2a=\log_2\dfrac{2b}{a}=3$이므로

$b=4a$ ⋯⋯ ㉡

두 식 ㉠, ㉡을 연립하면 $a=3$, $b=12$

A$(3,\ 1+\log_2 3)$, B$(12,\ 4+\log_2 3)$, C$(3,\ 0)$

② 따라서 삼각형 ACB의 넓이는

$$\frac{1}{2}\times(1+\log_2 3)\times 9=\frac{9(1+\log_2 3)}{2}$$

(1) 서로 다른 두 점 $A(x_1,\ y_1)$, $B(x_2,\ y_2)$를 지나는 직선의 기울기는

$$\frac{y_2-y_1}{x_2-x_1}\ \ (단,\ x_1\neq x_2)$$

(2) 곡선 $y=f(x)$의 그래프와 직선 $y=mx+n$의 교점이 $A(\alpha,\ f(\alpha))$, $B(\beta,\ f(\beta))$일 때,

$$\overline{AB}=|\beta-\alpha|\sqrt{m^2+1}\ \ (단,\ \alpha<\beta)$$

12. 정답 ③

수학1	★★★☆☆	사인법칙과 코사인법칙

그림과 같이 ① 사각형 ABCD가 한 원에 내접하고 $\overline{AB}=5$, $\overline{AC}=3\sqrt{5}$, $\overline{AD}=7$, $\angle BAC=\angle CAD$일 때, ② 선분 BC의 길이와 선분 CD의 길이의 곱은?

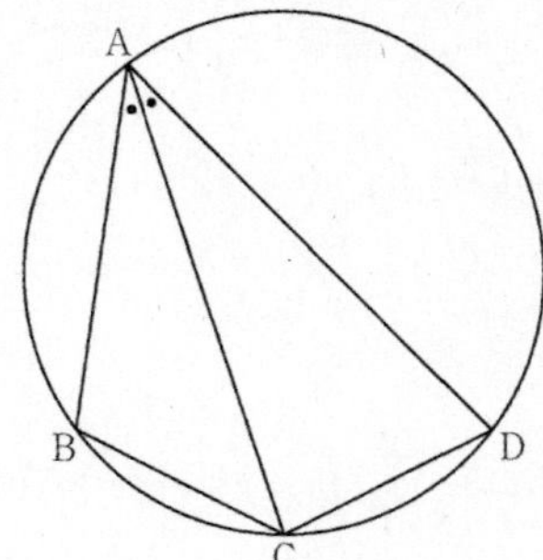

① $\sqrt{10}$　　② 5　　③ 10

④ 15　　⑤ 20

Answer

$\angle BAC=\angle CAD=\theta$라 하면 $\overline{BC}=\overline{CD}$이 된다.
삼각형 ABC에서 코사인법칙에 의하여

$$\overline{BC}^2=\overline{AB}^2+\overline{AC}^2-2\times\overline{AB}\times\overline{AC}\times\cos\theta$$
$$=25+45-2\times5\times3\sqrt{5}\times\cos\theta$$
$$=70-30\sqrt{5}\cos\theta$$

이고 삼각형 ACD에서 코사인법칙에 의하여

$$\overline{CD}^2=\overline{AD}^2+\overline{AC}^2-2\times\overline{AD}\times\overline{AC}\times\cos\theta$$
$$=49+45-2\times7\times3\sqrt{5}\times\cos\theta$$
$$=94-42\sqrt{5}\cos\theta$$

이므로

$$70-30\sqrt{5}\cos\theta=94-42\sqrt{5}\cos\theta$$

에서 $\cos\theta=\dfrac{2\sqrt{5}}{5}$이고

$$\overline{BC}^2=70-30\sqrt{5}\times\frac{2}{\sqrt{5}}=10$$

이므로 $\overline{BC}=\overline{CD}=\sqrt{10}$이다.
따라서 $\overline{BC}\times\overline{CD}=10$

(1) 코사인법칙

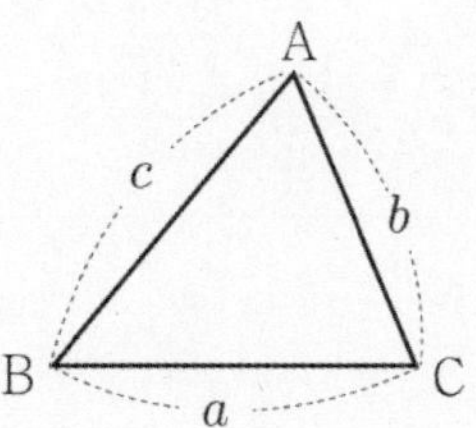

삼각형 ABC에서
$$a^2=b^2+c^2-2bc\cos A$$
$$b^2=c^2+a^2-2ca\cos B$$
$$c^2=a^2+b^2-2ab\cos C$$

(2) 사인법칙
삼각형 ABC의 외접원의 반지름의 길이를 R라 하면

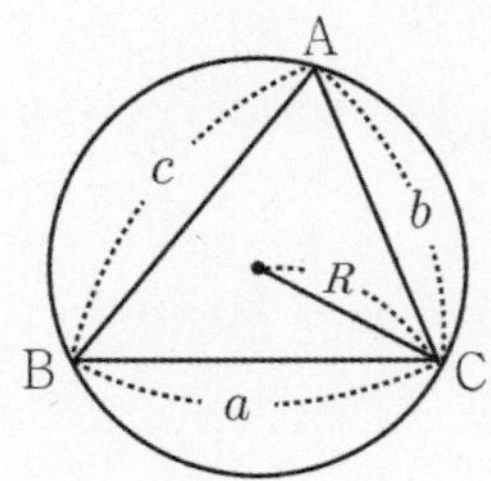

$$\frac{a}{\sin A}=\frac{b}{\sin B}=\frac{c}{\sin C}=2R$$

13. 정답 2

수학1	★★☆☆☆	삼각함수

① $4\sin\dfrac{5}{6}\pi$의 값을 구하시오.

Answer

① $\sin\dfrac{5}{6}\pi=\sin\left(\pi-\dfrac{\pi}{6}\right)=\sin\dfrac{\pi}{6}=\dfrac{1}{2}$

따라서 $4\sin\dfrac{\pi}{6}=4\times\dfrac{1}{2}=2$

사인 함수는 다음과 같은 성질이 있다.
$$\sin(\pi-\theta)=\sin\theta$$
$$\sin(-\theta)=-\sin\theta$$

14. 정답 8

수학2	★☆☆☆☆	부정적분

② 함수 $f(x)$에 대하여 $f'(x)=8x^3+4x$이고
① $f(0)=4$일 때, $f(1)$의 값을 구하시오.

Answer

$$① \ f(x)=\int f'(x)\,dx$$
$$=\int (8x^3+4x)\,dx$$
$$=2x^4+2x^2+C \ (C\text{는 적분상수})$$

이때 $f(0)=4$이므로 $C=4$

② 따라서 $f(x)=2x^4+2x^2+4$이므로
$$f(1)=2+2+4=8$$

개념 Review

$$① \ \int kf(x)dx=k\int f(x)dx \ (\text{단, } k\text{는 } 0\text{이 아닌 실수})$$

$$② \ \int \{f(x)\pm g(x)\}dx=\int f(x)dx \pm \int g(x)\,dx$$

15. 정답 310

수학2	★☆☆☆☆	함수의 극대와 극소

① 함수 $f(x)=x^3-2x^2+ax+9$이 $x=2$에서 극소일 때,
② 함수 $f(x)$의 극댓값이 $\dfrac{q}{p}$일 때, $p+q$의 값을 구하시오.
(단, a는 상수이고, p와 q는 서로소인 자연수이다.)

Answer

① $f(x)=x^3-2x^2+ax+9$에서
$f'(x)=3x^2-4x+a$이고
함수 $f(x)$는 $x=2$에서 극소이므로
$f'(2)=12-8+a=0$, $a=-4$
이다.

② 따라서 $f'(x)=3x^2-4x-4=(x-2)(3x+2)$

이고 $f'(x)=0$에서 $x=-\dfrac{2}{3}$ 또는 $x=2$이므로

함수 $f(x)$는 $x=-\dfrac{2}{3}$에서 극대이고 극댓값은

$$f\left(-\dfrac{2}{3}\right)=-\dfrac{8}{27}-\dfrac{8}{9}+\dfrac{8}{3}+9=\dfrac{283}{27} \text{이다.}$$

따라서 $p+q=283+27=310$

개념 Review

미분가능한 함수 $y=f(x)$ 가 $x=a$ 에서 극값 b 를 가지면
① $f'(a)=0$
② $f(a)=b$

16. 정답 14

수학1	★★★☆☆	수열의 귀납적 정의

수열 $\{a_n\}$이 다음 조건을 만족시킨다.

① (가) $a_1=-4$
(나) 모든 자연수 n에 대하여
$|a_{n+1}-a_n|=3$이다.

② $\displaystyle\sum_{n=1}^{8} |a_n|$ 의 최솟값을 구하시오.

Answer

① 조건 (나)에서 $a_{n+1}-a_n=\pm 3$이고, 조건 (가)에서
$a_1=-4$이므로 이어지는 항의 절댓값이 작아지려면
$a_1=-4$, $a_2=-1$, $a_3=2$, $a_4=-1$, $a_5=2$, $a_6=-1$,
$a_7=2$, $a_8=-1$ 이고, 이때 $\displaystyle\sum_{n=1}^{8}|a_n|$ 은 최솟값을 갖는다.

② 따라서 $\displaystyle\sum_{n=1}^{8}|a_n|=4+4\times 1+3\times 2=14$

개념 Review

$a_{n+1}-a_n=\pm 3$이므로 $\displaystyle\sum_{n=1}^{8}|a_n|$ 이 최소가 되도록 하는 수열을 찾아 문제를 해결한다.

17. 정답 458

수학2	★★★★☆	정적분과 함수

① 최고차항의 계수가 3인 이차함수 $f(x)$에 대하여 함수
$$g(x)=x^2\int_0^x f(t)\,dt-\int_0^x t^2 f(t)\,dt$$
가 다음 조건을 만족시킨다.

(가) 함수 $g(x)$는 극값을 갖지 않는다.
(나) 방정식 $g'(x)=0$의 모든 실근은 0, 4이다.

② $\displaystyle\int_0^3 |f(x)|\,dx=\dfrac{q}{p}$ 일 때, $p+q$의 값을 구하시오.
(단, p와 q는 상수이다.)

Answer

$$g'(x)=2x\int_0^x f(t)\,dt+x^2 f(x)-x^2 f(x)$$
$$=2x\int_0^x f(t)\,dt$$

$h(x)=\displaystyle\int_0^x f(t)\,dt$라 하면 $h(0)=0$

조건 (나)에 의하여

방정식 $h(x)=0$의 실근은 0과 4이므로

(i) $h(x)=ax^2(x-4)$ (a는 상수)라 하면

$\quad g'(x)=2ax^3(x-4)$이고

$\quad$ 함수 $g(x)$는 $x=0$, $x=4$에서 극값을 가지므로 모순

(ii) $h(x)=ax(x-4)^2$ (a는 상수)라 하면

$\quad g'(x)=2ax^2(x-4)^2$이므로

$\quad$ 함수 $g(x)$는 극값을 갖지 않는다.

$h'(x)=f(x)=a(3x^2-16x+16)=a(3x-4)(x-4)$

$f(x)$의 최고차항의 계수가 3이므로 $a=1$

$f(x)=(3x-4)(x-4)$

② 따라서

$$\int_0^3 |f(x)|\,dx = \int_0^3 |(3x-4)(x-4)|\,dx$$

$$= \int_0^{\frac{4}{3}} (3x-4)(x-4)\,dx - \int_{\frac{4}{3}}^3 (3x-4)(x-4)\,dx$$

$$= \left[\,x^3-8x^2+16x\,\right]_0^{\frac{4}{3}} - \left[\,x^3-8x^2+16x\,\right]_{\frac{4}{3}}^3$$

$$= \left(\frac{64}{27}-\frac{128}{9}+\frac{64}{3}\right) - \left(27-72+48-\frac{64}{27}+\frac{128}{9}-\frac{64}{3}\right)$$

$$= \frac{431}{27}$$

따라서 $p+q=27+431=458$

개념 Review

(1) 함수 $f(t)$가 닫힌구간 $[a,\ b]$에서 연속일 때, 열린구간 (a,b)에 속하는 모든 실수 x에 대하여

$$\frac{d}{dx}\int_a^x f(t)dt = f(x)$$

(2) 함수 $f(x)$가 임의의 세 실수 a, b, c를 포함하는 닫힌구간에서 연속일 때,

$$\int_a^c f(x)dx + \int_c^b f(x)dx = \int_a^b f(x)dx$$

수학 영역

<table>
<tr><td colspan="11" align="center">9회 빠른 정답</td></tr>
<tr><td>1</td><td>⑤</td><td>2</td><td>③</td><td>3</td><td>③</td><td>4</td><td>④</td><td>5</td><td>③</td><td>6</td><td>②</td></tr>
<tr><td>7</td><td>②</td><td>8</td><td>⑤</td><td>9</td><td>③</td><td>10</td><td>②</td><td>11</td><td>③</td><td>12</td><td>③</td></tr>
<tr><td>13</td><td>5</td><td>14</td><td>11</td><td>15</td><td>810</td><td>16</td><td>90</td><td>17</td><td>140</td><td></td><td></td></tr>
</table>

1. 정답 ⑤

수학1	★☆☆☆☆	지수법칙

① $\left(\sqrt{7}^{\sqrt{7}} \times 7\right)^{\sqrt{7}-2}$ 의 값은?

① $\dfrac{\sqrt{7}}{7}$　　② 1　　③ $\sqrt{7}$

④ 7　　⑤ $7\sqrt{7}$

Answer

$$① \left(\sqrt{7}^{\sqrt{7}} \times 7\right)^{\sqrt{7}-2} = \left(\sqrt{7}^{\sqrt{7}} \times \sqrt{7}^2\right)^{\sqrt{7}-2}$$
$$= \left(\sqrt{7}^{\sqrt{7}+2}\right)^{\sqrt{7}-2}$$
$$= \sqrt{7}^{(\sqrt{7}+2)(\sqrt{7}-2)}$$
$$= \sqrt{7}^{7-4} = 7\sqrt{7}$$

개념 Review

$a > 0$, $b > 0$이고 r, s가 실수일 때,

① $a^r a^s = a^{r+s}$

② $a^r \div a^s = a^{r-s}$

③ $(a^r)^s = a^{rs}$

④ $(ab)^r = a^r b^r$

2. 정답 ③

수학2	★☆☆☆☆	도함수를 이용한 미분계수 구하기

① 함수 $f(x) = x^4 + 2x^2 - 3x + 1$에 대하여 $f'(1)$의 값은?

① 1　　② 3　　③ 5

④ 7　　⑤ 9

Answer

① $f'(x) = 4x^3 + 4x - 3$이므로

　$f'(1) = 4 + 4 - 3 = 5$

개념 Review

두 함수 $f(x)$, $g(x)$가 미분가능할 때,

① $\{cf(x)\}' = cf'(x)$ (단, c는 상수)

② $\{f(x) \pm g(x)\}' = f'(x) \pm g'(x)$

3. 정답 ③

수학1	★☆☆☆☆	삼각함수의 성질

① $\sin\theta - \cos\theta = \dfrac{1}{3}$일 때,

② $(3\sin\theta + \cos\theta)(\sin\theta + 3\cos\theta)$의 값은?

① 7　　② $\dfrac{65}{9}$　　③ $\dfrac{67}{9}$

④ $\dfrac{23}{3}$　　⑤ $\dfrac{71}{9}$

Answer

① $\sin^2\theta + \cos^2\theta = 1$이므로

　$(\sin\theta - \cos\theta)^2 = \sin^2\theta + \cos^2\theta - 2\sin\theta\cos\theta$

　$= 1 - 2\sin\theta\cos\theta = \dfrac{1}{9}$

　에서 $\sin\theta\cos\theta = \dfrac{4}{9}$

② 따라서

　$(3\sin\theta + \cos\theta)(\sin\theta + 3\cos\theta)$

　$= 3(\sin^2\theta + \cos^2\theta) + 10\sin\theta\cos\theta$

　$= 3 + \dfrac{40}{9} = \dfrac{67}{9}$

개념 Review

$\sin^2\theta + \cos^2\theta = 1$

4. 정답 ④

수학2	★★☆☆☆	접선의 기울기

① 다항함수 $f(x)$에 대하여 함수 $g(x)$를

$$g(x) = (x^3 - 8)f(x)$$

라 하자. 곡선 $y = f(x)$ 위의 점 $(1, 2)$에서의 접선과 곡선 $y = g(x)$ 위의 점 $(1, g(1))$에서의 접선이 서로 수직이고 $f'(1) < 0$일 때, ② $g'(1)$의 값은?

① 1　　② 3　　③ 5

④ 7　　⑤ 9

Answer

① $f(1)=2$이고 $g(x)=(x^3-8)f(x)$에서

$g'(x)=3x^2f(x)+(x^3-8)f'(x)$이므로

$g'(1)=6-7f'(1)$

한편, $f'(1)=a\ (a<0)$이라 하면

$g'(1)=6-7a=-\dfrac{1}{a}$이므로

$(7a+1)(a-1)=0$

이때 $a<0$이므로 $a=-\dfrac{1}{7}$

② 따라서 $g'(1)=7$

개념 Review

(1) 두 함수 $f(x)$, $g(x)$가 미분가능할 때,

$\quad \{f(x)g(x)\}'=f'(x)g(x)+f(x)g'(x)$

(2) 함수 $y=f(x)$의 $x=a$에서의 미분계수 $f'(a)$는 곡선

$\quad y=f(x)$ 위의 점 $(a,\ f(a))$에서의 접선의 기울기와 같다.

5.정답 ③

수학1	★★★★☆	귀납적으로 정의된 수열

① 수열 $\{a_n\}$은 $2<a_1<3$이고, 모든 자연수 n에 대하여

$$a_{n+1}=\begin{cases} -3a_n & (a_n<0) \\ a_n-3 & (a_n\geq 0) \end{cases}$$

을 만족시킨다. ② $a_7=-2$일 때, ③ $90\times a_1$의 값은?

① 200　　　② 210　　　③ 220

④ 230　　　⑤ 240

Answer

① $a_{n+1}=\begin{cases} -3a_n & (a_n<0) \\ a_n-3 & (a_n\geq 0) \end{cases}$ $\quad\cdots\cdots$ ㉠

이고 $2<a_1<3$에서 $a_1\geq 0$이므로

$a_2=a_1-3<0$

$a_3=-3a_2=-3(a_1-3)>0$

$a_4=a_3-3=-3(a_1-3)-3=-3(a_1-2)<0$

$a_5=-3a_4=9(a_1-2)>0$

$a_6=a_5-3=9(a_1-2)-3=9a_1-21$

② 이때 ㉠에서 $a_6<0$이면 $a_7=-3a_6>0$이므로

$a_7=-2\leq 0$에서 $a_6\geq 0$이다.

$a_7=a_6-3=(9a_1-21)-3=9a_1-24=-2$

$a_1=\dfrac{22}{9}$

③ 따라서 $90\times a_1=90\times\dfrac{22}{9}=220$

개념 Review

수열은 일반항으로 정의하기도 하지만 처음 몇 개의 항과 이웃하는 여러 항 사이의 관계식으로 정의하기도 하는데, 이와 같이 정의하는 것을 수열의 귀납적 정의라고 한다. 수열 $\{a_n\}$을

① 첫째항 a_1

② 두 항 a_n, a_{n+1} $(n=1,\ 2,\ 3,\ \cdots)$ 사이의 관계식

과 같이 귀납적으로 정의할 수 있다. 이때 ②의 관계식에 $n=1,\ 2,\ 3,\ \cdots$을 대입하면 수열 $\{a_n\}$의 모든 항을 구할 수 있다.

6.정답 ②

수학2	★☆☆☆☆	접선의 방정식

① 함수 $f(x)=x^3-4x^2+6x+a$에 대하여 곡선 $y=f(x)$ 위의 점 $(2,\ f(2))$에서의 접선이 x축, y축과 만나는 점을 각각 P, Q라 하자. ② $\overline{PQ}=2\sqrt{5}$일 때, 양수 a의 값은?

① 2　　　② 4　　　③ 6

④ 8　　　⑤ 10

Answer

① $f(x)=x^3-4x^2+6x+a$에서

$f'(x)=3x^2-8x+6$이고

$f(2)=a+4$, $f'(2)=2$이므로

곡선 위의 점 $(2,\ f(2))$에서의 접선의 방정식은

$y=2(x-2)+a+4$, 즉 $y=2x+a$이다.

따라서 두 점 P, Q의 좌표는 각각 $\left(-\dfrac{a}{2},\ 0\right)$, $(0,\ a)$가 된다.

② 이때 $\overline{PQ}=2\sqrt{5}$에서 $\sqrt{\dfrac{a^2}{4}+a^2}=2\sqrt{5}$,

$a^2=16$이고 $a>0$이므로 $a=4$

개념 Review

(1) 접선의 방정식

　　곡선 $y=f(x)$ 위의 점 $(a,\ f(a))$를 지나고, 이 점에서의 접선의 방정식은

$\quad y-f(a)=f'(a)(x-a)$　(단, $f'(a)\neq 0$)

(2) 좌표평면 위의 두 점 $A(x_1,\ y_1)$, $B(x_2,\ y_2)$ 사이의 거리는

$$\overline{AB}=\sqrt{(x_2-x_1)^2+(y_2-y_1)^2}$$

7. 정답 ②

수학2	★☆☆☆☆	정적분과 함수

① 다항함수 $f(x)$가 모든 실수 x에 대하여

$$\int_0^x f(t)\,dt + xf(x) = 4x^3$$

을 만족시킬 때, ② $\int_1^4 f(x)dx$의 값은?

① 61 ② 63 ③ 65
④ 67 ⑤ 69

Answer

① 주어진 식의 양변을 x에 대하여 미분하면

$$f(x) + f(x) + xf'(x) = 12x^2,$$
$$2f(x) + xf'(x) = 12x^2$$

이때 $f(x)$는 다항함수이므로 이차함수가 되어야 한다.
$f(x) = ax^2 + bx + c$ $(a \neq 0,\ b,\ c$는 상수)로 놓으면

$$2(ax^2 + bx + c) + x(2ax + b) = 12x^2,$$
$$4ax^2 + 3bx + 2c = 12x^2$$

이 식은 x에 대한 항등식이므로
$a = 3$, $b = 0$, $c = 0$ 즉, $f(x) = 3x^2$이다.
② 따라서

$$\int_1^4 f(x)dx = \int_1^4 3x^2 dx = \left[x^3\right]_1^4 = 64 - 1 = 63$$

개념 Review

함수 $f(t)$가 닫힌구간 $[a,\ b]$에서 연속일 때,

$$\frac{d}{dx}\int_a^x f(t)dt = f(x) \quad (단,\ a < x < b)$$

8. 정답 ⑤

수학2	★★☆☆☆	부등식과 미분

① 두 함수

$$f(x) = x^3 + 4x^2 - x,\ g(x) = x^2 + 8x + a$$

가 있다. $x \geq 0$인 모든 실수 x에 대하여 부등식

$$f(x) \geq g(x)$$

가 성립할 때, ② 실수 a의 최댓값은?

① -1 ② -2 ③ -3
④ -4 ⑤ -5

Answer

① $h(x) = f(x) - g(x)$라 하면

$$h(x) = x^3 + 3x^2 - 9x - a$$

이때 $x \geq 0$인 모든 실수 x에 대하여 부등식 $h(x) \geq 0$이 성립하려면 $x \geq 0$에서 함수 $h(x)$의 최솟값이 0 이상이어야 한다.

$$h'(x) = 3x^2 + 6x - 9 = 3(x+3)(x-1) = 0$$

에서

$$x = -3 \ 또는 \ x = 1$$

이므로 $x \geq 0$에서 함수 $h(x)$의 증가와 감소를 표로 나타내면 다음과 같다.

x	0	$\cdots$	1	$\cdots$
$h'(x)$		$-$	0	$+$
$h(x)$	$-a$	$\searrow$	$-5-a$	$\nearrow$

즉, $x \geq 0$에서 함수 $h(x)$의 최솟값이 $-5-a$이므로 주어진 조건을 만족시키려면 $-5-a \geq 0$, 즉 $a \leq -5$이어야 한다.
② 따라서 실수 a의 최댓값은 -5이다.

개념 Review

두 함수 $f(x)$, $g(x)$에 대하여 어떤 구간에서 부등식 $f(x) \geq g(x)$가 성립함을 보이려면 그 구간에서 $f(x) - g(x) \geq 0$임을 보이면 된다.

9. 정답 ③

수학2	★★☆☆☆	곡선으로 둘러싸인 도형의 넓이

① 함수 $f(x) = x^2 - 8x + 12$에 대하여 함수 $g(x)$가

$$g(x) = \frac{f(x) + |f(x)|}{2}$$

일 때, ② 함수 $y = g(x)$의 그래프와 직선 $y = 12$로 둘러싸인 부분의 넓이는?

① $\dfrac{220}{3}$ ② 74 ③ $\dfrac{224}{3}$
④ $\dfrac{226}{3}$ ⑤ 76

Answer

① $f(x) \geq 0$에서

$$x^2 - 8x + 12 \geq 0$$
$$(x-2)(x-6) \geq 0$$

에서 $x \leq 2$ 또는 $x \geq 6$이므로

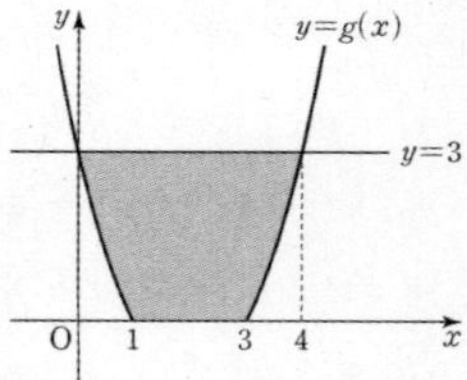

$$g(x) = \begin{cases} f(x) & (x \leq 2 \ 또는 \ x \geq 6) \\ 0 & (2 < x < 6) \end{cases}$$

$f(x) = 12$에서

$$x^2 - 8x + 12 = 12$$

에서 $x = 0$ 또는 $x = 8$

② $y = g(x)$의 그래프는 $x = 4$에 대하여 대칭이므로 구하는 넓이는

$$\int_0^8 |g(x) - 12|\,dx$$

$$= 2\left\{\int_0^2 (-x^2+8x)\,dx + \int_2^4 12\,dx\right\}$$

$$= 2\left[-\frac{1}{3}x^3+4x^2\right]_0^2 + 2\left[12x\right]_2^4$$

$$= \frac{80}{3}+48$$

$$= \frac{224}{3}$$

개념 Review

(1) $\dfrac{f(x)+|f(x)|}{2}=\begin{cases}f(x) & (f(x)\geq 0)\\ 0 & (f(x)<0)\end{cases}$

(2) 두 함수 $f(x)$, $g(x)$가 닫힌구간 $[a,\,b]$에서 연속일 때,
두 곡선 $y=f(x)$, $y=g(x)$ 및 두 직선 $x=a$, $x=b$로
둘러싸인 도형의 넓이 S는

$$S=\int_a^b |f(x)-g(x)|\,dx$$

10. 정답 ②

수학1	★★☆☆☆	삼각함수의 활용

그림과 같이 정의역이 $\{x\,|\,-6<x<0\}\cup\{x\,|\,0<x<6\}$
인 ① 함수 $f(x)=\tan(ax+b)$ $(a>0,\ 0<b<\pi)$의 그래
프와 x축이 두 점 A$(3,\,0)$, B$(-3,\,0)$에서 만난다. 점 B
를 지나고 기울기가 양수인 직선이 함수 $y=f(x)$의 그래프
와 만나는 점 중 제2사분면의 점을 C, 제3사분면의 점을
D라 하자. ② 삼각형 OAC의 넓이가 1일 때, 함수
$y=f(x)$의 그래프와 두 직선 AC, AD로 둘러싸인 색칠한
부분의 넓이를 c라 하자. ③ $a\times b\times c$의 값은?
(단, O는 원점이고 c는 상수이다.)

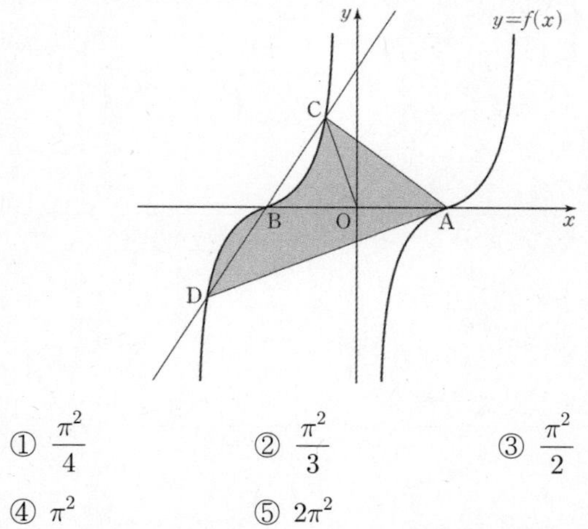

① $\dfrac{\pi^2}{4}$ ② $\dfrac{\pi^2}{3}$ ③ $\dfrac{\pi^2}{2}$

④ π^2 ⑤ $2\pi^2$

Answer

① 함수 $f(x)=\tan(ax+b)$의 그래프가 x축과 두 점
A$(3,\,0)$, B$(-3,\,0)$에서 만나므로 주기는 6이다.

이때, $a>0$이므로 $\dfrac{\pi}{a}=6$에서 $a=\dfrac{\pi}{6}$이다.

$f(3)=\tan\left(\dfrac{\pi}{2}+b\right)=-\dfrac{\cos b}{\sin b}=0$이므로 $\cos b=0$

이때, $0<b<\pi$이므로 $b=\dfrac{\pi}{2}$이다.

② 또한, 삼각형 OAC의 넓이가 1이고 $\overline{OA}=\overline{OB}=3$이므로
삼각형 ACB의 넓이는 $2\times 1=2$ 이다.

이때, 함수 $f(x)=\tan(ax+b)$의 그래프와 점 B를 지나고
기울기가 양수인 직선은 점 B에 대하여 대칭이므로 구하는
곡선 $y=\tan(ax+b)$와 두 직선 AC, AD로 둘러싸인 색칠
된 부분의 넓이는 삼각형 ACD의 넓이와 같다.

$\overline{BC}=\overline{BD}$이므로 삼각형 ACD의 넓이 $c=2\times 2=4$

③ 따라서 $a\times b\times c=\dfrac{\pi}{6}\times\dfrac{\pi}{2}\times 4=\dfrac{\pi^2}{3}$

개념 Review

탄젠트함수의 대칭성과 주기

① $y=\tan ax$의 그래프는 원점에 대하여 대칭이다.

② $y=\tan ax$의 주기는 $\dfrac{\pi}{|a|}$이다.

11. 정답 ③

수학1	★★★★☆	지수함수의 그래프

그림과 같이 ① 두 양수 a, b에 대하여 곡선 $y=-3^{x-1}+a$
가 두 곡선 $y=3^{x-b}$, $y=9^{x-4}-78$과 만나는 점을 각각
A, B라 하고 직선 AB가 x축과 만나는 점을 C, 곡선
$y=3^{x-b}$이 y축과 만나는 점을 D, 점 D를 지나고 직선 AB
와 평행한 직선이 x축과 만나는 점을 E라 하자.
$\overline{AC}=27\overline{DE}$이고 직선 ② AD의 기울기가 $\dfrac{26}{27}$일 때, ③ 직
선 BD의 기울기는?
(단, 점 A는 제1사분면 위에 있다.)

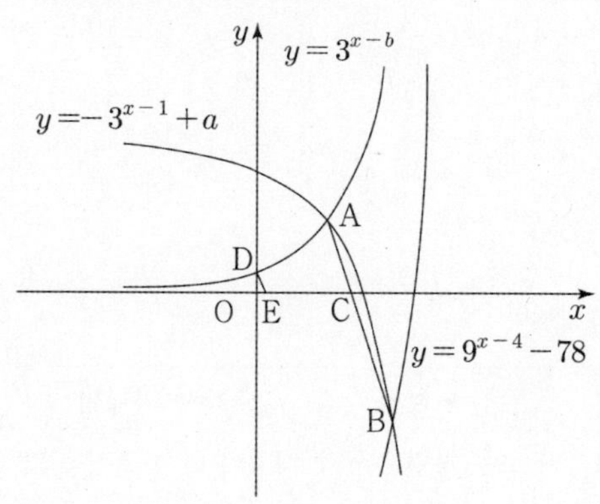

① $-\dfrac{124}{9}$ ② $-\dfrac{69}{5}$ ③ $-\dfrac{622}{45}$

④ $-\dfrac{623}{45}$ ⑤ $-\dfrac{208}{15}$

Answer

① 점 A의 x좌표를 k라 하면 점 A는 두 곡선

$y=-3^{x-1}+a$, $y=3^{x-b}$의 교점이므로

$$3^{k-b}=-3^{k-1}+a \qquad \cdots\cdots \text{㉠}$$

점 D의 좌표는 $(0,\ 3^{-b})$이고

$\overline{AC}/\!/\overline{DE}$, $\overline{AC}=27\overline{DE}$이므로 점 A의 y좌표는 27×3^{-b}

$$\qquad\qquad\qquad\qquad\qquad \cdots\cdots \text{㉡}$$

㉠, ㉡에서 $3^{k-b}=-3^{k-1}+a=27\times3^{-b}$

$3^{k-b}=27\times3^{-b}=3^{3-b}$에서 $k=3$

$k=3$을 ㉠에 대입하면

$$3^{3-b}=-9+a \qquad \cdots\cdots \text{㉢}$$

② 직선 AD의 기울기가 $\dfrac{26}{27}$이므로

$$\dfrac{3^{3-b}-3^{-b}}{3-0}=\dfrac{26}{27}$$에서 $b=2$이고 $b=2$를 ㉢에 대입하면

$a=12$이다.

한편, 점 B는 두 곡선

$y=-3^{x-1}+12$, $y=9^{x-4}-78$의 교점이므로

$-3^{x-1}+12=9^{x-4}-78$에서

$3^{x-4}=t$라 두면 $-27t+12=t^2-78$,

$t^2+27t-90=0$, $(t+30)(t-3)=0$

$t>0$이므로 $3^{x-4}=t=3$

$\therefore\ x=5$

③ 이때, $y=-3^{5-1}+12=-69$이므로 점 B의 좌표는

$(5,\ -69)$이고 점 D의 좌표는 $\left(0,\ \dfrac{1}{9}\right)$이므로

직선 BD의 기울기는 $\dfrac{\dfrac{1}{9}-(-69)}{0-5}=-\dfrac{622}{45}$

개념 Review

서로 다른 두 점 $A(x_1,\ y_1)$, $B(x_2,\ y_2)$를 지나는 직선의 기울기는

$$\dfrac{y_2-y_1}{x_2-x_1}\ (\text{단},\ x_1\neq x_2)$$

12.정답 ③

수학1	★★★☆☆	수학적 귀납법

수열 $\{a_n\}$이 모든 자연수 n에 대하여 다음 조건을 만족시킨다.

① (가) $\lvert a_{2n-1}\rvert+a_{2n}=6n+9$
(나) $a_{2n-1}+\lvert a_{2n}\rvert=4n+5$

② $\displaystyle\sum_{n=1}^{19} a_n$의 값은?

① 211 ② 212 ③ 213

④ 214 ⑤ 215

Answer

① 조건 (가)의 식에서 조건 (나)의 식을 빼면

$$\{\lvert a_{2n-1}\rvert-a_{2n-1}\}+\{a_{2n}-\lvert a_{2n}\rvert\}=2n+4$$이다.

$2n+4>0$이고, $a_{2n}-\lvert a_{2n}\rvert\le 0$이므로

$\lvert a_{2n-1}\rvert-a_{2n-1}>0$이다.

따라서 $a_{2n-1}<0$이다.

조건 (가)의 식은 $-a_{2n-1}+a_{2n}=6n+9$이고,

조건 (나)의 식은 $a_{2n-1}+\lvert a_{2n}\rvert=4n+5$이므로

두 식을 더하면 $a_{2n}+\lvert a_{2n}\rvert=10n+14$이다.

이때 $a_{2n}\le 0$이면 $a_{2n}+\lvert a_{2n}\rvert=0$이므로 $a_{2n}>0$이고,

$a_{2n}=5n+7$이다.

이것을 조건 (나)에 대입하면 $a_{2n-1}=-n-2$이다.

② $\displaystyle\sum_{n=1}^{19} a_n=\sum_{n=1}^{9}(a_{2n-1}+a_{2n})+a_{19}$

$$=\sum_{n=1}^{9}(4n+5)+a_{19}$$

$$=\left(4\times\dfrac{9\times10}{2}+5\times9\right)+(-10-2)$$

$$=213$$

개념 Review

(1) 주어진 조건에서 a_{2n-1}, a_{2n}의 부호를 파악하는 것이 핵심 포인트이다.

(2)

① $\displaystyle\sum_{k=1}^{n} k=\dfrac{n(n+1)}{2}$

② $\displaystyle\sum_{k=1}^{n} k^2=\dfrac{n(n+1)(2n+1)}{6}$

③ $\displaystyle\sum_{k=1}^{n} k^3=\left\{\dfrac{n(n+1)}{2}\right\}^2$

13.정답 5

수학1	★☆☆☆	지수와 로그의 성질

두 실수 $a,\ b$에 대하여

$$4^a=9,\ b=\log_9 25 \text{①}$$

일 때, 2^{ab}의 값②을 구하시오.

Answer

①

$4^a=9$에서 $2^a=3$ $(\because\ 2^a>0)$이고

$b=\log_9 25=\log_{3^2}5^2=\log_3 5$이다.

② 따라서 $2^{ab}=(2^a)^b=3^{\log_3 5}=5^{\log_3 3}=5$

개념 **Review**

(1) 로그의 정의

$a > 0$, $a \neq 1$, $N > 0$일 때,
$$a^x = N \Leftrightarrow x = \log_a N$$

(2) 로그의 성질

① $\log_{a^m} b^n = \dfrac{n}{m} \log_a b$ (m, n은 실수, $m \neq 0$)

② $a^{\log_b c} = c^{\log_b a}$

14. 정답 11

수학1	★☆☆☆☆	수열의 합의 성질

① 두 수열 $\{a_n\}$, $\{b_n\}$에 대하여
$$\sum_{k=1}^{10}(3a_k+2)=65, \quad \sum_{k=1}^{10}(a_k+b_k)=26$$
일 때, ② $\displaystyle\sum_{k=1}^{10} b_k$의 값을 구하시오.

Answer

① $\displaystyle\sum_{k=1}^{10}(3a_k+2)=65$에서

$3\displaystyle\sum_{k=1}^{10} a_k+20=65$이므로 $\displaystyle\sum_{k=1}^{10} a_k=15$

② 따라서 $\displaystyle\sum_{k=1}^{10} b_k=\sum_{k=1}^{10}(a_k+b_k)-\sum_{k=1}^{10} a_k$

$= 26-15=11$

개념 **Review**

(1) $\displaystyle\sum_{k=1}^{n}(a_k \pm b_k)=\sum_{k=1}^{n} a_k \pm \sum_{k=1}^{n} b_k$

(2) $\displaystyle\sum_{k=1}^{n} ca_k=c\sum_{k=1}^{n} a_k$ (c는 상수)

15. 정답 810

수학2	★★☆☆☆	정적분의 활용(움직인 거리)

① 수직선 위를 움직이는 점 P의 시각 $t\,(t \geq 0)$에서의 속도 $v(t)$가
$$v(t)=8t^3-216t$$
이다. 시각 $t=k\,(k>0)$에서 점 P의 가속도가 0일 때, ② 시각 $t=0$에서 $t=k$까지 점 P가 움직인 거리를 구하시오.
(단, k는 상수이다.)

Answer

① 점 P의 시각 t에서의 가속도 $a(t)$는

$a(t)=v'(t)=24t^2-216$

$a(k)=24(k^2-9)=0$에서 $k>0$이므로 $k=3$이다.

$0 \leq t \leq 3$일 때, $v(t) \leq 0$이므로

② 시각 $t=0$에서 $t=3$까지 점 P가 움직인 거리는

$$\int_0^3 |v(t)|\,dt=\int_0^3(-8t^3+216t)\,dt$$

$$=\left[-2t^4+108t^2\right]_0^3$$

$$=-162+972$$

$$=810$$

개념 **Review**

수직선 위를 움직이는 점 P의 시각 t에서의 속도가 $v(t)$일 때 시각 $t=a$에서 $t=b$까지 점 P가 움직인 거리는
$$\int_a^b |v(t)|\,dt$$

16. 정답 90

수학1	★★☆☆☆	코사인 법칙의 활용

그림과 같이 ① $\overline{BC}=7$, $\cos(\angle BCA)=\dfrac{2}{7}$인 삼각형 ABC의 변 AC 위에 $\angle BAC=\angle DBC$인 점 D가 있다. ② $\angle ABD$의 이등분선이 선분 AD와 만나는 점을 E라고 할 때, $\overline{DE}=3$이다.

③ $\cos(\angle BAC)=\dfrac{q}{p}$일 때, $p+q$의 값을 구하시오.

(단, $\overline{CA}>7$이고, p와 q는 서로소인 자연수이다.)

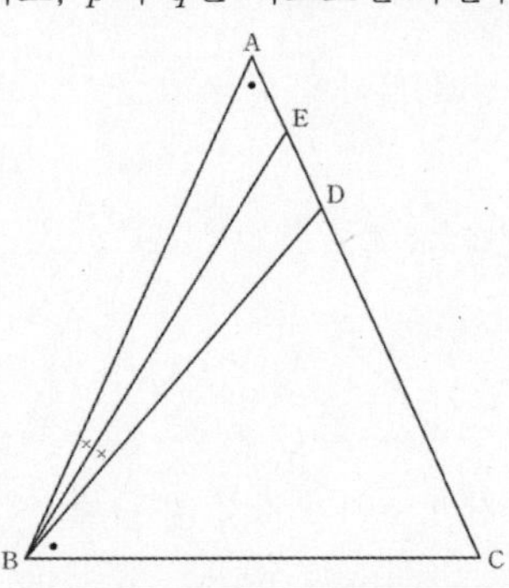

Answer

① 두 삼각형 ABC와 BDC는 닮음이므로

$\dfrac{\overline{AB}}{\overline{BD}}=\dfrac{\overline{AC}}{\overline{BC}}=\dfrac{\overline{BC}}{\overline{DC}}$이다.

즉, $\dfrac{\overline{AB}}{\overline{BD}}=\dfrac{\overline{AC}}{7}=\dfrac{7}{\overline{DC}}$이고, 이 값을 $a\,(a>1)$라고 하면

$\overline{AC}=7a$, $\overline{CD}=\dfrac{7}{a}$, $\overline{AB}=\overline{BD}\times a$ 이다.

② 또, 선분 BE는 각의 이등분선이므로

$\overline{\text{BA}} : \overline{\text{BD}} = \overline{\text{AE}} : \overline{\text{DE}}$, $\overline{\text{BA}} \times \overline{\text{DE}} = \overline{\text{BD}} \times \overline{\text{AE}}$

즉, $(\overline{\text{BD}} \times a) \times 3 = \overline{\text{BD}} \times \overline{\text{AE}}$이므로 $\overline{\text{AE}} = 3a$이다.

$\overline{\text{AC}} = \overline{\text{AE}} + \overline{\text{ED}} + \overline{\text{DC}}$에서 $7a = 3a + 3 + \dfrac{7}{a}$이므로 $a = \dfrac{7}{4}$이다.

따라서 $\overline{\text{CD}} = 4$이다.

삼각형 BCD에서 코사인법칙에 의하여

$$\overline{\text{BD}}^2 = \overline{\text{BC}}^2 + \overline{\text{CD}}^2 - 2 \times \overline{\text{BC}} \times \overline{\text{CD}} \times \cos(\angle \text{BCD})$$

$$= 49 + 16 - 2 \times 7 \times 4 \times \dfrac{2}{7}$$

$$= 49$$

따라서 $\overline{\text{BD}} = 7$이다.

$\angle \text{BAC} = \angle \text{DBC}$이므로 삼각형 BCD에서 코사인법칙에 의하여

$$\cos(\angle \text{BAC}) = \cos(\angle \text{DBC})$$
$$= \dfrac{7^2 + 7^2 - 4^2}{2 \times 7 \times 7} = \dfrac{41}{49}$$

③ 따라서 $p + q = 49 + 41 = 90$

개념 Review

(1) 삼각형의 닮음 조건

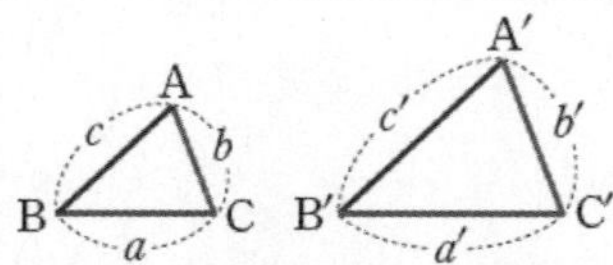

① 세 쌍의 대응변의 길이의 비가 같을 때

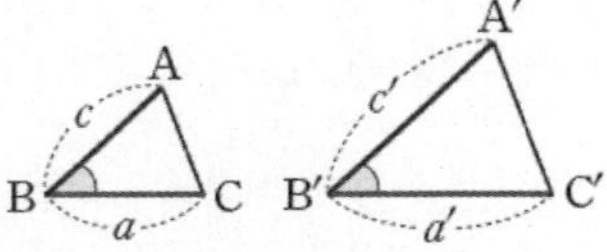

② 두 쌍의 대응변의 길이의 비가 같고, 그 끼인 각의 크기가 같을 때

$$a : a' = c : c', \ \angle \text{B} = \angle \text{B}'$$

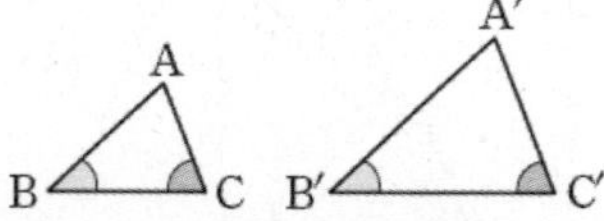

③ 두 쌍의 대응각의 크기가 각각 같을 때

$$\angle \text{B} = \angle \text{B}', \ \angle \text{C} = \angle \text{C}'$$

(2) 삼각형 ABC에서 $\angle$A의 이등분선이 $\overline{\text{AD}}$일 때

$$\overline{\text{AB}} : \overline{\text{AC}} = \overline{\text{BD}} : \overline{\text{DC}}$$

(3) 코사인법칙

삼각형 ABC에서

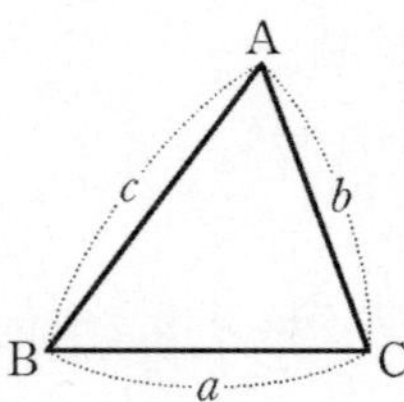

① $a^2 = b^2 + c^2 - 2bc \cos A$

② $\cos A = \dfrac{b^2 + c^2 - a^2}{2bc}$

17. 정답 140

수학2	★★★★☆	함수의 연속

① 다항함수 $f(x)$가

$$\lim_{x \to \infty} \dfrac{f(x)}{x^4} = 1$$

을 만족시키고, 함수

$$g(x) = \begin{cases} \dfrac{f(x)}{(x-a)(3x-a^2)} & (x \neq a) \\ 9 & (x = a) \end{cases}$$

가 실수 전체의 집합에서 연속이다. ② $g(1) = 10$일 때, ③ $f(2)$의 최댓값을 구하시오. (단, a는 상수이다.)

Answer

① $\lim\limits_{x \to \infty} \dfrac{f(x)}{x^4} = 1$이므로 $f(x)$는 최고차항의 계수가 1인 사차함수이다.

함수 $\dfrac{f(x)}{(x-a)(3x-a^2)}$가 $x = a$, $x = \dfrac{a^2}{3}$에서 불연속이고 함수 $g(x)$는 실수 전체의 집합에서 연속이므로

$a = \dfrac{a^2}{3}$, $a^2 - 3a = 0$에서 $a = 0$ 또는 $a = 3$

② (i) $a = 0$일 때

$$g(x) = \begin{cases} \dfrac{f(x)}{3x^2} & (x \neq 0) \\ 9 & (x = 0) \end{cases}$$

함수 $g(x)$가 실수 전체의 집합에서 연속이므로

$$\lim_{x \to 0} \dfrac{f(x)}{3x^2} = 9$$

$f(x) = x^2(x^2 + px + q)$ (p, q는 상수)라 하면

$$\lim_{x \to 0} \dfrac{x^2 + px + q}{3} = \dfrac{q}{3} = 9$$에서 $q = 27$,

$$g(1) = \dfrac{f(1)}{3} = \dfrac{28 + p}{3} = 10$$에서 $p = 2$

따라서 $f(x) = x^2(x^2 + 2x + 27)$이므로 $f(2) = 140$

(ii) $a=3$일 때

$$g(x)=\begin{cases} \dfrac{f(x)}{3(x-3)^2} & (x\neq 3) \\ 9 & (x=3) \end{cases}$$

함수 $g(x)$가 실수 전체의 집합에서 연속이므로

$$\lim_{x\to 3}\frac{f(x)}{3(x-3)^2}=9$$

$f(x)=(x-3)^2(x^2+rx+s)$ $(r,\ s$는 상수$)$라 하면

$$\lim_{x\to 3}\frac{x^2+rx+s}{3}=\frac{9+3r+s}{3}=9에서$$

$$3r+s=18 \qquad\qquad \cdots\ \text{㉠}$$

$$g(1)=\frac{f(1)}{12}=\frac{4(1+r+s)}{12}=10에서\ r+s=29\ \cdots\ \text{㉡}$$

㉠, ㉡을 연립하면 $r=-\dfrac{11}{2},\ s=\dfrac{69}{2}$

따라서 $f(2)=4+2r+s=\dfrac{55}{2}$

③ (i), (ii)에서 $f(2)$의 최댓값은 140이다.

개념 Review

(1) 미정계수의 결정

$\dfrac{\infty}{\infty}$꼴 : x에 대한 다항함수 $f(x)$에 대하여

$$\lim_{x\to\infty}\frac{f(x)}{a_nx^n+a_{n-1}x^{n-1}+\cdots+a_1x+a_0}=k\ (k는\ 상수)$$

이면 $f(x)=ka_nx^n+b_{n-1}x^{n-1}+\cdots+b_1x+b_0$

(2) 연속인 함수 $g_1(x),\ g_2(x)$에 대하여

① $f(x)=\begin{cases} g_1(x) & (x\neq a) \\ b & (x=a) \end{cases}$ 일 때, $x=a$에서 연속이려면

$\rightarrow \lim_{x\to a}g_1(x)=g_1(a)=b$

② $f(x)=\begin{cases} g_1(x) & (x<a) \\ g_2(x) & (x\geq a) \end{cases}$ 일 때, $x=a$에서 연속이려면

$\rightarrow g_1(a)=g_2(a)$

③ $f(x)=\begin{cases} g_1(x) & (x<a) \\ c & (x=a) \\ g_2(x) & (x>a) \end{cases}$ 일 때, $x=a$에서 연속이려면

$\rightarrow g_1(a)=g_2(a)=c$

수학 영역

10회 빠른 정답

1	②	2	④	3	①	4	①	5	①	6	①
7	①	8	①	9	⑤	10	⑤	11	④	12	②
13	42	14	3	15	3	16	66	17	51		

1. 정답 ②

수학2	★☆☆☆☆	함수의 극한

① $\lim\limits_{x \to 2} \dfrac{\sqrt{4x-7}-1}{x-2}$ 의 값은?

① 1   ② 2   ③ 3
④ 4   ⑤ 5

Answer

① 주어진 식의 분자, 분모에 $\sqrt{4x-7}+1$ 을 곱하면

$$\lim_{x \to 2} \frac{\sqrt{4x-7}-1}{x-2} = \lim_{x \to 2} \frac{4x-8}{(x-2)(\sqrt{4x-7}+1)}$$

$$= \lim_{x \to 2} \frac{4}{\sqrt{4x-7}+1} = 2$$

개념 Review

$\dfrac{0}{0}$ 꼴의 극한 (무리함수의 극한)

분모, 분자 중 $\sqrt{\ }$ 가 있는 쪽은 유리화하고 공통인수는 약분 (무한소 제거)한 후 대입한다.

2. 정답 ④

수학1	★☆☆☆☆	등비수열

① 등비수열 $\{a_n\}$에 대하여 $a_2 = \dfrac{1}{3}$, $a_8 = (a_5)^4$일 때, ② a_{10}의 값은?

① 1   ② 3   ③ 9
④ 27   ⑤ 81

Answer

① 등비수열 $\{a_n\}$의 첫째항을 a, 공비를 r라 하자.

$a_2 = \dfrac{1}{3}$이므로 $a \neq 0$이고 $r \neq 0$이다.

$a_8 = (a_5)^4$에서 $ar^7 = a^4 r^{16}$이므로

$a^3 r^9 = (ar^3)^3 = 1$ 에서 $a_4 = ar^3 = 1$ 이다.

$r^2 = \dfrac{a_4}{a_2} = \dfrac{1}{\frac{1}{3}} = 3$ 이므로

② $a_{10} = a_2 r^8 = \dfrac{1}{3} \times 3^4 = 27$

개념 Review

첫째항이 a, 공비가 r인 등비수열 $\{a_n\}$의 일반항 a_n은

$$a_n = ar^{n-1}$$

3. 정답 ①

수학1	★☆☆☆☆	삼각함수 사이의 관계

① $\dfrac{\pi}{2} < \theta < \pi$인 θ에 대하여 $\cos^2 \theta = \dfrac{9}{25}$일 때,

② $\sin^2 \theta + \cos \theta$의 값은?

① $\dfrac{1}{25}$ ② $\dfrac{2}{25}$ ③ $\dfrac{3}{25}$
④ $\dfrac{4}{25}$ ⑤ $\dfrac{1}{5}$

Answer

① $\cos^2 \theta = \dfrac{9}{25}$이고 $\dfrac{\pi}{2} < \theta < \pi$일 때 $\cos \theta < 0$이므로

$$\cos \theta = -\frac{3}{5}$$

② $\sin^2 \theta + \cos^2 \theta = 1$이므로

$$\sin^2 \theta = 1 - \cos^2 \theta = 1 - \frac{9}{25} = \frac{16}{25}$$

따라서

$$\sin^2 \theta + \cos \theta = \frac{16}{25} + \left(-\frac{3}{5}\right) = \frac{1}{25}$$

개념 Review

(1) 각 사분면에서 삼각함수의 값의 부호가 +인 것을 나타내면 다음과 같고, $\tan \theta = \dfrac{\sin \theta}{\cos \theta}$이다.

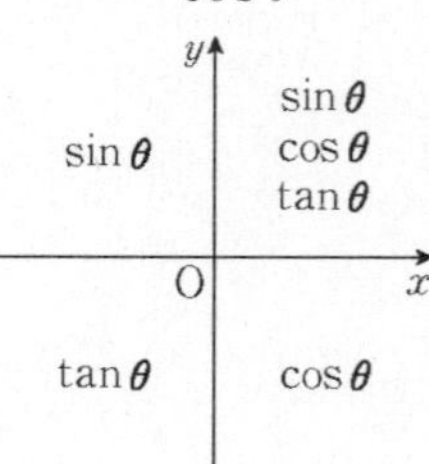

(2) $\sin^2 \theta + \cos^2 \theta = 1$

4. 정답 ①

함수 $y=f(x)$의 그래프가 그림과 같다.

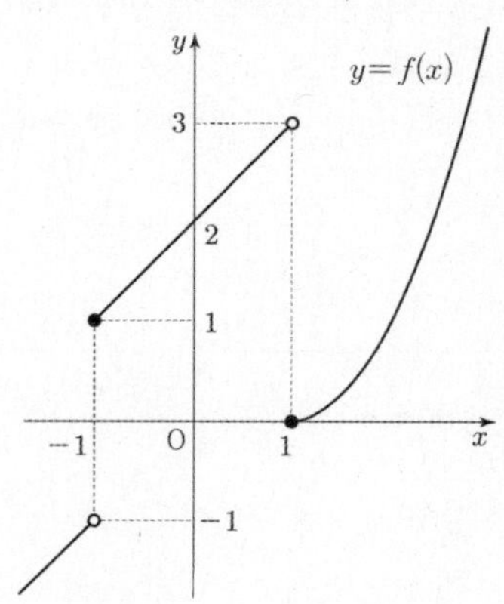

① $\lim\limits_{x \to -1-} f(x) + \lim\limits_{x \to 1+} f(x)$의 값은?

① -1　　　② 0　　　③ 1
④ 2　　　⑤ 4

Answer

① $\lim\limits_{x \to -1-} f(x) + \lim\limits_{x \to 1+} f(x) = (-1) + 0 = -1$

개념 Review

좌극한 : 함수 $f(x)$에서 x가 a보다 작은 값을 가지면서 a에
한없이 가까워질 때 $f(x)$의 값이 일정한 값 α에 한없이
가까워지면 $\lim\limits_{x \to a-} f(x) = \alpha$로 나타내고, 이때 α를 $f(x)$의
좌극한 또는 좌극한값이라고 한다.

우극한 : 함수 $f(x)$에서 x가 a보다 큰 값을 가지면서 a에
한없이 가까워질 때 $f(x)$의 값이 일정한 값 β에 한없이
가까워지면 $\lim\limits_{x \to a+} f(x) = \beta$로 나타내고, 이때 β를 $f(x)$의
우극한 또는 우극한값이라고 한다.

5. 정답 ①

① 두 양수 a, b에 대하여 함수 $f(x)$가

$$f(x) = \begin{cases} 2x+a & (x < -2) \\ 3x & (-2 \le x < 2) \\ bx-6 & (x \ge 2) \end{cases}$$

이다. 함수 $|f(x)|$가 실수 전체의 집합에서 연속일 때, ②
$a+b$의 값은?

① 16　　　② 17　　　③ 18
④ 19　　　⑤ 20

Answer

① 함수 $|f(x)|$가 실수 전체의 집합에서 연속이므로
　$x=-2$, $x=2$에서 연속이어야 한다.
　(i) 함수 $|f(x)|$가 $x=-2$에서 연속이므로
　$\lim\limits_{x \to -2-} |f(x)| = \lim\limits_{x \to -2+} |f(x)| = |f(-2)|$
　이때

$$\lim\limits_{x \to -2-} |f(x)| = \lim\limits_{x \to -2-} |2x+a| = |-4+a|,$$
$$\lim\limits_{x \to -2+} |f(x)| = \lim\limits_{x \to -2+} |3x| = 6,$$
$$|f(-2)| = |-6| = 6$$

이므로
$|-4+a| = 6$
조건에서 $a > 0$이므로 $a = 10$
　(ii) 함수 $|f(x)|$가 $x=2$에서 연속이므로
$\lim\limits_{x \to 2-} |f(x)| = \lim\limits_{x \to 2+} |f(x)| = |f(2)|$
이때
$\lim\limits_{x \to 2-} |f(x)| = \lim\limits_{x \to 2-} |3x| = 6,$
$\lim\limits_{x \to 2+} |f(x)| = \lim\limits_{x \to 2+} |bx-6| = |2b-6|,$
$|f(2)| = |2b-6|$
이므로
$|2b-6| = 6$
조건에서 $b > 0$이므로 $b = 6$
② 따라서 (i), (ii)에 의하여
　$a+b = 10+6 = 16$

개념 Review

함수 $f(x) = \begin{cases} g_1(x) & (x < a) \\ c & (x = a) \\ g_2(x) & (x > a) \end{cases}$가 $x=a$에서 연속이면

$g_1(a) = g_2(a) = c$

6. 정답 ①

① 공비가 $\sqrt{2}$인 등비수열 $\{a_n\}$과 공비가 $-\sqrt{2}$인 등비수열 $\{b_n\}$에 대하여

$$a_1 = b_1, \quad \sum_{n=1}^{10} a_n + \sum_{n=1}^{10} b_n = 310$$

일 때, ② $a_3 + b_3$의 값은?

① 20　　　② 40　　　③ 60
④ 80　　　⑤ 100

Answer

① 모든 자연수 n에 대하여

$$a_{2n} + b_{2n} = a_1(\sqrt{2})^{2n-1} + b_1(-\sqrt{2})^{2n-1}$$
$$= a_1(\sqrt{2})^{2n-1} - a_1(\sqrt{2})^{2n-1}$$
$$= 0$$

이고

$$a_{2n-1} + b_{2n-1} = (a_1 + b_1)2^{n-1}$$

이므로

$$\sum_{n=1}^{10} a_n + \sum_{n=1}^{10} b_n = \sum_{n=1}^{10} (a_n + b_n)$$
$$= \sum_{n=1}^{5} (a_{2n-1} + b_{2n-1})$$
$$= \frac{(a_1 + b_1)(2^5 - 1)}{2 - 1}$$
$$= 31(a_1 + b_1)$$
$$\qquad = 62a_1 = 310$$

에서 $a_1 = 5$

② 따라서 $a_3 + b_3 = 2(a_1 + b_1) = 20$

개념 Review

첫째항이 a, 공비가 $r(r \neq 0)$인 등비수열의 첫째항부터 제n항까지의 합 S_n은

① $r \neq 1$일 때, $\quad S_n = \dfrac{a(1-r^n)}{1-r} = \dfrac{a(r^n-1)}{r-1}$

② $r = 1$일 때, $\quad S_n = na$

7. 정답 ①

수학2	★★☆☆☆	사차함수가 극댓값을 가질 조건

① 함수 $f(x) = x^4 + 2x^3 + ax$ 가 극댓값을 갖도록 하는 ② 모든 정수 a의 개수는?

① 1   ② 2   ③ 3
④ 4   ⑤ 5

Answer

① 함수 $f(x)$는 최고차항의 계수가 양수인 사차함수이므로 함수 $f(x)$가 극댓값을 가지려면

방정식 $f'(x) = 0$이 서로 다른 세 실근을 가져야 한다.

함수 $f'(x)$는 삼차함수이므로 방정식 $f'(x) = 0$이 서로 다른 세 실근을 가지려면

함수 $f'(x)$가 극대와 극소를 가지며 극댓값과 극솟값의 부호가 서로 달라야 한다.

$f'(x) = 4x^3 + 6x^2 + a$ 이므로 $y = 4x^3 + 6x^2 + a$ 라고 하면

$y' = 12x^2 + 12x = 12x(x+1)$에서 함수 $f'(x)$는 $x = -1$에서 극대, $x = 0$에서 극소이다.

$$f'(-1) \times f'(0) = (a+2) \times a < 0$$

② 따라서 $-2 < a < 0$이므로 구하는 정수 a의 개수는 1이다.

개념 Review

사차함수 $f(x) = ax^4 + bx^3 + cx^2 + dx + e\,(a > 0)$에 대하여

① $f(x)$가 극댓값을 가질 조건
$\quad f'(x) = 0$이 서로 다른 세 실근을 가진다.

② $f(x)$가 극댓값을 갖지 않을 조건
$\quad f'(x) = 0$이 서로 다른 세 실근을 갖지 않는다.

8. 정답 ①

수학1	★★★☆☆	지수함수와 로그함수의 그래프

그림과 같이 두 상수 a, k에 대하여 ① 직선 $x = k$가 두 곡선 $y = 2^{x-1} + 2$, $y = \log_2(x-a)$와 만나는 점을 각각 A, B라 하고, 점 B를 지나고 기울기가 -1인 직선이 곡선 $y = 2^{x-1} + 2$와 만나는 점을 C라 하자. $\overline{AB} = 17$, $\overline{BC} = 3\sqrt{2}$일 때, ② 곡선 $y = \log_2(x-a)$가 x축과 만나는 점 D에 대하여 사각형 ACDB의 넓이는? (단, $0 < a < k$)

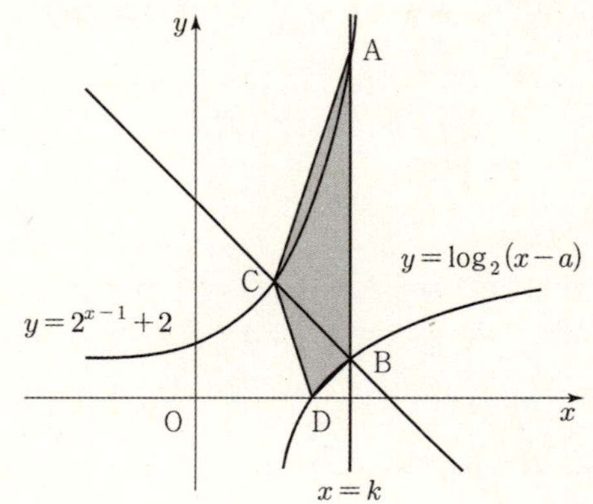

① $\dfrac{57}{2}$ ② 29   ③ $\dfrac{59}{2}$

④ 30   ⑤ $\dfrac{61}{2}$

Answer

① 점 A의 좌표는 $(k,\ 2^{k-1} + 2)$이고 $\overline{AB} = 17$이므로 점 B의 좌표는 $(k,\ 2^{k-1} - 15)$이다.

직선 BC의 기울기가 -1이고 $\overline{BC} = 3\sqrt{2}$이므로 두 점 B, C의 x좌표의 차와 y좌표의 차는 모두 3이다.

따라서 점 C의 좌표는 $(k-3,\ 2^{k-1} - 12)$이다.

한편 점 C는 곡선 $y = 2^{x-1} + 2$ 위의 점이므로

$$2^{k-1} - 12 = 2^{k-4} + 2$$
$$\frac{1}{2} \times 2^k - \frac{1}{16} \times 2^k = 14,\ 2^k = 32$$
$$k = 5$$

즉, A(5, 18), B(5, 1), C(2, 4)이다.

② 점 B가 곡선 $y=\log_2(x-a)$ 위의 점이므로

$$1=\log_2(5-a), \ 5-a=2, \ a=3$$

점 D의 x좌표는 $x-3=1$에서 $x=4$

사각형 ACDB의 넓이는 두 삼각형 ACB, CDB의 넓이의

합이므로 $\overline{BC}\perp\overline{BD}$이므로

$$\frac{1}{2}\times 17\times 3+\frac{1}{2}\times 3\sqrt{2}\times\sqrt{2}=\frac{57}{2}$$

개념 Review

(1) 곡선 $y=f(x)$의 그래프와 직선 $y=mx+n$의 교점이
$A(\alpha,\ f(\alpha))$, $B(\beta,\ f(\beta))$일 때, $\overline{AB}=|\beta-\alpha|\sqrt{m^2+1}$
(단, $\alpha<\beta$)

(2) 직선 BC의 기울기가 -1이고 $\overline{BC}=3\sqrt{2}$이므로 두 점
B, C의 x좌표의 차와 y좌표의 차는 모두 3이라는 것을
찾는 것이 핵심이다.

9. 정답 ⑤

수학1	★★☆☆☆	삼각함수의 활용

① 그림과 같이 원에 내접하는 사각형 ABCD가 있다.

$\overline{AB}=\overline{AD}=4$, $\overline{BC}=1$, $\angle ABC=\dfrac{2}{3}\pi$일 때, ②

$\sin(\angle BCD)$의 값은?

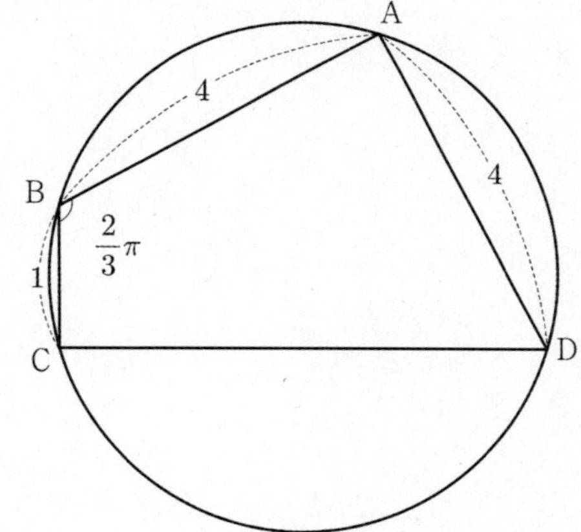

① $\dfrac{\sqrt{3}}{14}$ ② $\dfrac{3\sqrt{3}}{14}$ ③ $\dfrac{2\sqrt{3}}{7}$

④ $\dfrac{3\sqrt{3}}{7}$ ⑤ $\dfrac{4\sqrt{3}}{7}$

Answer

① 삼각형 ABC에서 코사인법칙에 의하여

$$\overline{AC}^2=4^2+1^2-2\times 4\times 1\times\cos\frac{2}{3}\pi$$
$$=21$$

에서 $\overline{AC}=\sqrt{21}$ 이다.

원에 내접하는 사각형에서 마주보는 두 내각의 크기의 합은 π
이므로

$$\angle CDA=\pi-\angle ABC=\pi-\frac{2}{3}\pi=\frac{\pi}{3}$$

이다.

$\overline{CD}=a\,(a>0)$로 놓으면 삼각형 ACD에서 코사인법칙에 의
하여

$$(\sqrt{21})^2=4^2+a^2-2\times 4\times a\times\cos\frac{\pi}{3}$$

이고 위의 식을 정리하면

$$a^2-4a-5=0, \ (a+1)(a-5)=0$$

에서 $a=-1$ 또는 $a=5$이다.

이때 $a>0$이므로 $\overline{CD}=a=5$

② 사각형 ABCD의 넓이를 S라 하면

S는 두 삼각형 ABC, CDA의 넓이의 합이므로

$$S=\frac{1}{2}\times 4\times 1\times\sin\frac{2}{3}\pi+\frac{1}{2}\times 5\times 4\times\sin\frac{\pi}{3}$$
$$=6\sqrt{3} \qquad\qquad \cdots\cdots \ \text{㉠}$$

또한 $\angle DAB=\pi-\angle BCD$이고 S는 두 삼각형 ABD, BCD
의 넓이의 합이므로

$$S=\frac{1}{2}\times 4\times 4\times\sin(\angle DAB)+\frac{1}{2}\times 1\times 5\times\sin(\angle BCD)$$
$$=8\sin(\pi-\angle BCD)+\frac{5}{2}\sin(\angle BCD)$$
$$=\frac{21}{2}\sin(\angle BCD) \qquad\qquad \cdots\cdots \ \text{㉡}$$

㉠, ㉡에서

$$6\sqrt{3}=\frac{21}{2}\sin(\angle BCD)$$

이므로

$$\sin(\angle BCD)=\frac{4\sqrt{3}}{7}$$

개념 Review

(1) 코사인법칙

삼각형 ABC에서

$$a^2=b^2+c^2-2bc\cos A$$
$$b^2=c^2+a^2-2ca\cos B$$
$$c^2=a^2+b^2-2ab\cos C$$

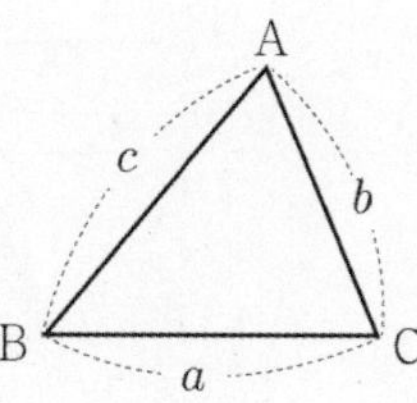

(2) 삼각형 ABC의 넓이를 S라 하면

$$S=\frac{1}{2}ab\sin C=\frac{1}{2}bc\sin A=\frac{1}{2}ca\sin B$$

10. 정답 ⑤

① 함수 $f(x)=x^2-6x+10$의 그래프 위의 점 A$(4,\ 2)$에서의 접선을 l이라 하자. ② 곡선 $y=f(x)$와 직선 l 및 y축으로 둘러싸인 부분의 넓이를 ③ 직선 $y=k$가 이등분할 때, 상수 k에 대하여 $3k$의 값은?

① 0   ② $-18+8\sqrt{2}$

③ $-18+8\sqrt{3}$ ④ $-18+8\sqrt{5}$

⑤ $-18+8\sqrt{6}$

Answer

① $f(x)=x^2-6x+10$에서 $f'(x)=2x-6$이다.

점 A$(4,\ 2)$에서의 접선 l의 기울기는 $f'(4)=2$이므로 접선 l의 방정식은

$$y=2(x-4)+2,\ \ y=2x-6$$

이다.

② 함수 $y=f(x)$의 그래프와 직선 l 및 y축으로 둘러싸인 부분의 넓이를 S라 하면

$$S=\int_0^4 \left\{ (x^2-6x+10)-(2x-6) \right\} dx$$

$$=\int_0^4 (x^2-8x+16)\,dx=\left[\frac{1}{3}x^3-4x^2+16x \right]_0^4 = \frac{64}{3}$$

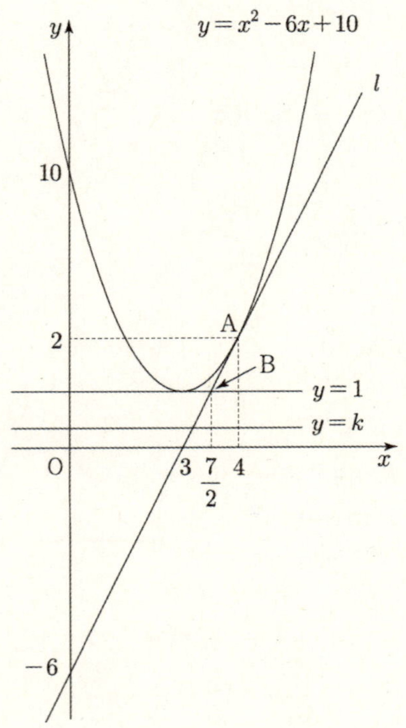

③ 한편, 두 직선 $y=2x-6$, $y=1$이 만나는 점을 B라 하면

점 B의 x좌표는 $2x-6=1$, $x=\dfrac{7}{2}$이므로 B$\left(\dfrac{7}{2},\ 1\right)$이다.

세 점 B$\left(\dfrac{7}{2},\ 1\right)$, $(0,\ 1)$, $(0,\ -6)$를 꼭짓점으로 하는 삼각형의 넓이는

$$\frac{1}{2}\times\frac{7}{2}\times\{1-(-6)\}=\frac{49}{4}$$

이다.

이때 $\dfrac{49}{4}>\dfrac{32}{3}=\dfrac{S}{2}$이고 직선 $y=k$가 S를 이등분하므로

$$k<1$$

두 직선 $y=2x-6$, $y=k\,(-6<k<1)$가 만나는 점의 x좌표는 $2x-6=k$, $x=\dfrac{k+6}{2}$

이므로 두 직선 $y=2x-6$, $y=k\,(-4<k<1)$ 및 y축으로 둘러싸인 부분의 넓이는

$$\frac{1}{2}\times\frac{k+6}{2}\times\{k-(-6)\}=\frac{(k+6)^2}{4}=\frac{32}{3}$$

$$3k^2+36k-20=0$$

에서 $k=\dfrac{-18+8\sqrt{6}}{3}$ $(\because\ -6<k<1)$

개념 Review

(1) 접선의 방정식

곡선 $y=f(x)$ 위의 점 $(a,\ f(a))$를 지나고, 이 점에서의 접선의 방정식은

$$y-f(a)=f'(a)(x-a)\ \ (단,\ f'(a)\neq 0)$$

(2) 두 함수 $f(x)$, $g(x)$가 닫힌구간 $[a,\ b]$에서 연속일 때, 두 곡선 $y=f(x)$, $y=g(x)$ 및 두 직선 $x=a$, $x=b$로 둘러싸인 도형의 넓이 S는

$$S=\int_a^b |f(x)-g(x)|\,dx$$

11.정답 ④

① 두 곡선 $y=27^x$, $y=3^x$과 한 점 $A(81,\ 3^{81})$이 있다. 점 A를 지나며 x축과 평행한 직선이 곡선 $y=27^x$과 만나는 점을 P_1이라 하고, 점 P_1을 지나며 y축과 평행한 직선이 곡선 $y=3^x$과 만나는 점을 Q_1이라 하자.
점 Q_1을 지나며 x축과 평행한 직선이 $y=27^x$과 만나는 점을 P_2라 하고, 점 P_2를 지나며 y축과 평행한 직선이 곡선 $y=3^x$과 만나는 점을 Q_2라 하자.
이와 같은 과정을 계속하여 n번째 얻은 두 점을 각각 P_n, Q_n이라 하고 점 Q_n의 x좌표를 x_n이라 할 때, ② $x_n<\dfrac{1}{k}$을 만족시키는 n의 최솟값이 9가 되도록 하는 ③ 자연수 k의 개수는?

① 153 ② 156 ③ 159
④ 162 ⑤ 165

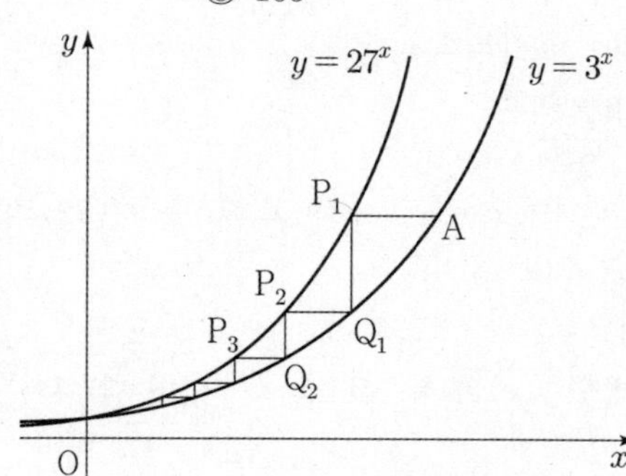

Answer

① 점 A의 x좌표는 81이고 점 Q_1의 x좌표는 x_1이다. 이때 점 A와 점 P_1의 y좌표가 같으므로

$$3^{81}=27^{x_1}=3^{3x_1}$$

즉, $3x_1=81$에서 $x_1=27$

같은 방법으로 모든 자연수 n에 대하여 두 점 P_n, Q_n의 x좌표는 x_n으로 서로 같고, 두 점 Q_n, P_{n+1}의 y좌표는 같으므로

$$3^{x_n}=27^{x_{n+1}}=3^{3x_{n+1}}$$

즉 $x_{n+1}=\dfrac{1}{3}x_n$이다.

따라서 수열 $\{x_n\}$은 첫째항이 27, 공비가 $\dfrac{1}{3}$인 등비수열이므로

$$x_n=27\times\left(\dfrac{1}{3}\right)^{n-1}=3^3\times 3^{-n+1}=3^{4-n}$$

이다.

② $x_n<\dfrac{1}{k}$을 만족시키는 n의 최솟값이 9이므로

$$x_8\geq\dfrac{1}{k}\text{이고 } x_9<\dfrac{1}{k}$$

이어야 한다.

$x_8\geq\dfrac{1}{k}$에서 $3^{-4}\geq\dfrac{1}{k}$,

즉, $\dfrac{1}{81}\geq\dfrac{1}{k}$에서 $k\geq 81$ $\qquad$ …… ㉠

$x_9<\dfrac{1}{k}$에서 $3^{-5}<\dfrac{1}{k}$,

즉, $\dfrac{1}{243}<\dfrac{1}{k}$에서 $k<243$ $\qquad$ …… ㉡

③ 따라서 ㉠, ㉡에 의하여 $81\leq k<243$이므로 자연수 k의 개수는 $243-81=162$이다.

개념 Review

(1) $P_1{\rightarrow}Q_1{\rightarrow}P_2{\rightarrow}Q_2{\rightarrow}\ \cdots\$ 의 순으로 좌표를 구해보면 규칙을 발견할 수 있다.

(2) 지수함수 또는 로그함수의 그래프가 등장하면 문제에서 주어진 점들의 좌표를 구해보자.

12.정답 ②

① 함수

$$f(x)=a-2\tan 3x$$

가 닫힌구간 $\left[-\dfrac{\pi}{12},\ b\right]$에서 최댓값 10, 최솟값 6을 가질 때, ② $a\times b$의 값은? (단, a, b는 상수이다.)

① $\dfrac{3\pi}{4}$ ② $\dfrac{2\pi}{3}$ ③ $\dfrac{7\pi}{12}$
④ $\dfrac{\pi}{2}$ ⑤ $\dfrac{5\pi}{12}$

Answer

① 함수 $f(x)=a-2\tan 3x$의 그래프의 주기는 $\dfrac{\pi}{3}$이고 닫힌구간 $\left[-\dfrac{\pi}{12},\ b\right]$에서 최댓값과 최솟값을 가지므로

$$-\dfrac{\pi}{12}<b<\dfrac{\pi}{6}\text{이다.}$$

한편, 함수 $y=f(x)$의 그래프는 닫힌구간 $\left[-\dfrac{\pi}{12},\ b\right]$에서 x의 값이 증가할 때, y의 값은 감소한다.

함수 $f(x)$는 $x=-\dfrac{\pi}{12}$에서 최댓값 10을 가지므로

$$f\left(-\dfrac{\pi}{12}\right)=a-2\tan\left(-\dfrac{\pi}{4}\right)=10\text{에서}$$

$a+2\tan\dfrac{\pi}{4}=10$, $a+2=10$ 이므로 $a=8$이다.

함수 $f(x)$는 $x=b$에서 최솟값 6을 가지므로

$f(b)=8-2\tan 3b=6$에서 $\tan 3b=1$

이때, $-\dfrac{\pi}{4}<3b<\dfrac{\pi}{2}$이므로

$3b=\dfrac{\pi}{4}$에서 $b=\dfrac{\pi}{12}$이다.

② 따라서 $a\times b=8\times\dfrac{\pi}{12}=\dfrac{2\pi}{3}$

개념 Review

탄젠트함수의 대칭성과 주기

① $y=\tan ax$의 그래프는 원점에 대하여 대칭이다.

② $y=\tan ax$의 주기는 $\dfrac{\pi}{|a|}$이다.

13. 정답 42

수학2	★☆☆☆☆	부정적분

① 함수 $f(x)$에 대하여 $f'(x)=3x^2+4x-2$이고 $f(1)=4$일 때, ② $f(3)$의 값을 구하시오.

Answer

① $f(x)=\displaystyle\int(3x^2+4x-2)\,dx$

$\quad=x^3+2x^2-2x+C$ (단, C는 적분상수)

$\quad f(1)=1+2-2+C=4,\ C=3$

$\quad f(x)=x^3+2x^2-2x+3$

② 따라서 $f(3)=27+18-6+3=42$

개념 Review

다항함수의 부정적분

① $y=x^n$ (n은 양의 정수)이면

$$\int x^n dx=\frac{1}{n+1}x^{n+1}+C \quad \text{(단, }C\text{는 적분상수)}$$

② $y=1$이면 $\displaystyle\int 1\,dx=x+C$ (단, C는 적분상수)

14. 정답 3

수학1	★☆☆☆☆	로그의 성질 (밑변환 공식)

① $\log_5 3\times\log_3 125$의 값을 구하시오.

Answer

① $\log_5 3\times\log_3 125=\log_5 3\times\dfrac{\log_5 125}{\log_5 3}$

$\qquad\qquad\qquad=\log_5 5^3=3\log_5 5=3$

개념 Review

$a>0$, $a\ne 1$, $b>0$, $c>0$, $c\ne 1$일 때,

$$\log_a b=\frac{\log_c b}{\log_c a}$$

15. 정답 3

수학2	★☆☆☆☆	함수의 최대,최소

① $f(0)=5$인 이차함수 $f(x)$가

$$\lim_{h\to 0}\frac{f(2+h)-f(2)}{h}=12,\quad \lim_{x\to -1}\frac{f(x)-f(-1)}{x+1}=0$$

를 만족시킬 때, ② 함수 $f(x)$의 최솟값을 구하시오.

Answer

① $\displaystyle\lim_{h\to 0}\frac{f(2+h)-f(2)}{h}=f'(2)=12$

$\quad \displaystyle\lim_{x\to -1}\frac{f(x)-f(-1)}{x+1}=f'(-1)=0$

이므로 $f(x)=ax^2+bx+c$

($a\ne 0$인 상수, b, c는 상수)라 하면

$f'(x)=2ax+b$이므로

$f'(2)=4a+b=12$ $\qquad\cdots\cdots$ ㉠

$f'(-1)=-2a+b=0$ $\qquad\cdots\cdots$ ㉡

㉠, ㉡에 의하여 $a=2$, $b=4$이고 $f(0)=c=5$이므로

$f(x)=2x^2+4x+5$

$\quad=2(x+1)^2+3$

② 따라서 함수 $f(x)$의 최솟값은 $x=-1$일 때, 3이다.

개념 Review

함수 $y=f(x)$의 $x=a$에서의 미분계수는

$$\lim_{\triangle x\to 0}\frac{\triangle y}{\triangle x}=\lim_{b\to a}\frac{f(b)-f(a)}{b-a}=\lim_{x\to a}\frac{f(x)-f(a)}{x-a}$$

(단, b가 변하므로 x라 하자.)

$$=\lim_{h\to 0}\frac{f(a+h)-f(a)}{h}$$

(단, $\triangle x=h$ 라 하자.)

의 극한값이 존재할 때, 함수 $f(x)$는 $x=a$에서 미분가능하다고 하고, 이 극한값을 함수 $f(x)$의 $x=a$에서의 순간변화율 또는 미분계수라 하며, 기호로 $f'(a)$와 같이 나타낸다.

16. 정답 66

수학2	★★★☆☆	정적분

실수 전체의 집합에서 연속인 함수 $f(x)$가 다음 조건을 만족시킨다.

> ① (가) $-1 \leq x \leq 1$인 모든 실수 x에 대하여
> $$f(x) = 14x^6 + x^2 \int_{-1}^{1} f(t)\, dt$$ 이다.
> ② (나) 모든 실수 x에 대하여 $f(x+2) = f(x)$이다.

③ $\displaystyle\int_{-5}^{6} f(x)\, dx$의 값을 구하시오.

Answer

① 조건 (가)에서 $\displaystyle\int_{-1}^{1} f(t)\, dt = k$ (k는 상수)로 놓으면
$$f(x) = 14x^6 + kx^2$$
이때
$$k = \int_{-1}^{1} (14x^6 + kx^2)\, dx = 2\int_{0}^{1} (14x^6 + kx^2)\, dx$$
$$= 2\left[2x^7 + \frac{k}{3}x^3 \right]_{0}^{1} = 4 + \frac{2k}{3}$$

이므로 $k = 4 + \dfrac{2k}{3}$에서 $k = 12$

따라서 $f(x) = 14x^6 + 12x^2$ $(-1 \leq x \leq 1)$

② 조건 (나)에서
$$\int_{-5}^{-3} f(x)\,dx = \int_{-3}^{-1} f(x)\, dx = \int_{-1}^{1} f(x)\, dx = \cdots$$
$$= \int_{3}^{5} f(x)\, dx = 12$$

함수 $y = f(x)$의 그래프가 y축에 대하여 대칭이므로
$$\int_{-1}^{1} f(x)\, dx = 2\int_{-1}^{0} f(x)\, dx = 12$$

즉, $\displaystyle\int_{-1}^{0} f(x)\, dx = 6$이므로
$$\int_{5}^{6} f(x)\, dx = \int_{-1}^{0} f(x)\, dx = 6$$

③ 따라서 $\displaystyle\int_{-5}^{6} f(x)\, dx$
$$= 5\int_{-1}^{1} f(x)\, dx + \int_{-1}^{0} f(x)\, dx$$
$$= 5 \times 12 + 6 = 66$$

개념 Review

(1) 적분 구간이 상수로 이루어진 경우

즉, $f(x) = g(x) + \displaystyle\int_{a}^{b} f(t)dt$ (a, b 는 상수)의 꼴은

$\displaystyle\int_{a}^{b} f(t)dt = k$로 치환하여 k의 값을 구한후 계산한다.

---

17. 정답 51

수학1	★★★☆☆	수학적 귀납법

수열 $\{a_n\}$이 다음 조건을 만족시킨다.

> ① (가) $a_1 = 4$, $a_2 = 5$
> (나) 모든 자연수 n에 대하여
> $a_n + a_{n+1} + a_{n+2} = n + 16$이다.

② a_1, a_2, a_3, $\cdots$, a_{20} 중에서 3의 배수인 것들의 합을 구하시오.

Answer

① 조건 (나)의 식에 $n = 1$을 대입하면 $4 + 5 + a_3 = 17$이므로 $a_3 = 8$이다.

또, 조건 (나)에서 $a_n + a_{n+1} + a_{n+2} = n + 16$이므로

$a_{n+1} + a_{n+2} + a_{n+3} = (n+1) + 16$ 이고 두 식을 변변 빼면

$a_{n+3} - a_n = 1$이다.

$a_{3n-2} = b_n$이라고 하면 $b_1 = a_1 = 4$이고,

$b_{n+1} - b_n = a_{3n+1} - a_{3n-2} = 1$이므로 $b_n = n + 3$이다.

$a_{3n-1} = c_n$이라고 하면 $c_1 = a_2 = 5$이고

$c_{n+1} - c_n = a_{3n+2} - a_{3n-1} = 1$이므로 $c_n = n + 4$이다.

$a_{3n} = d_n$이라고 하면 $d_1 = a_3 = 8$이고,

$d_{n+1} - d_n = a_{3n+3} - a_{3n} = 1$이므로 $d_n = n + 7$이다.

a_1, a_2, a_3, $\cdots$, a_{20}은 b_1, b_2, $\cdots$, b_7과 c_1, c_2, $\cdots$, c_7과 d_1, d_2, $\cdots$, d_6으로 이루어져 있다.

② 이 중에서 3의 배수는

$b_3 = 6$, $b_6 = 9$, $c_2 = 6$, $c_5 = 9$, $d_2 = 9$, $d_5 = 12$이다.

따라서 구하는 값은

$6 + 9 + 6 + 9 + 9 + 12 = 51$이다.

개념 Review

(1) 주어진 식의 양변에 $n = 1$, 2, 3, $\cdots$를 대입하여 규칙을 찾아본다.

(2) $a_n + a_{n+1} = f(n)$의 형태가 주어지면

$a_{n-1} + a_n = f(n-1)$이므로 두 식의 차를 이용하면 관계를 얻어 낼수 있다.

---

(2) $f(-x) = f(x)$이면 $f(x)$가 y축에 대하여 대칭인 함수(우함수)이고
$$\int_{-a}^{a} f(x)dx = \int_{-a}^{0} f(x)dx + \int_{0}^{a} f(x)dx = 2\int_{0}^{a} f(x)dx$$

(3) $f(-x) = -f(x)$이면 $f(x)$가 원점에 대하여 대칭인 함수(기함수)이고
$$\int_{-a}^{a} f(x)dx = \int_{-a}^{0} f(x)dx + \int_{0}^{a} f(x)dx = 0$$

smart is sexy

Orbi.kr